DER PFERDE-KNIGGE

VOM RÜPEL
ZUM GENTLEMAN

Tamara Ebert

DER PFERDE-KNIGGE

VOM RÜPEL
ZUM GENTLEMAN

Titelbild: Christiane Slawik

IMPRESSUM

Copyright © 2014 by Cadmos Verlag, Schwarzenbek
2. Auflage 2016

Gestaltung und Satz: www.ravenstein2.de
Fotos im Innenteil: Neddens Tierfotografie
Lektorat: Sarah Koller

Druck: Werbedruck GmbH Horst Schreckhase,
Spangenberg

Deutsche Nationalbibliothek - CIP-Einheitsaufnahme
Die Deutsche Nationalbibliothek verzeichnet diese
Publikation in der Deutschen Nationalbibliografie;
detaillierte bibliografische Daten sind im Internet über
http://dnb.ddb.de abrufbar.

Printed in Germany

ISBN: 978-3-8404-1517-3

INHALT

VORWORT

Dieses Buch will keine neue Bodenarbeitsmethode beschreiben, das wäre in der Kürze auch nicht möglich. Es soll vielmehr ein Handbuch sein, das Lösungsvorschläge für die kleineren und größeren Probleme im Pferdealltag bereithält. Es gibt schon so viele brauchbare Ausbildungssysteme, sodass ich nichts wirklich Neues dazu schreiben könnte.

Es ist also vielmehr ein Buch, das Ihnen helfen soll, unerfreuliches, nervendes Benehmen Ihres Pferdes zu unterbinden und ein harmonisches Miteinander zu erlernen. Ist Ihr Pferd heute noch ein Rüpel, der Sie durch die Gegend schleift oder nicht zur Seite tritt, so sollte es im Laufe seiner Erziehung zu einem aufmerksamen und folgsamen Partner werden. Haben Sie einen Angsthasen im Stall stehen, so kann er durch die richtige Ausbildung an Sicherheit und Selbstvertrauen gewinnen. Ihr Pferd wird mit der Zeit neue Verhaltensweisen erlernen, die ihm helfen werden, mit beängstigenden Situationen gelassener umzugehen.

Und es wird Ihnen als Ausbilder mehr und mehr Vertrauen schenken. Ich habe hier Erfahrungen, Tipps und Tricks zusammengetragen und ausgewählt. Einiges habe ich von anderen Pferdemenschen übernommen, anderes entwickelte sich während meiner Arbeit mit Pferden und meiner Tätigkeit als Reit- und Pferdelehrerin. Meine Kenntnisse habe ich aus den unterschiedlichsten Quellen geschöpft: von Trainern, meinen Schülern und sehr viel von den Pferden. Und jeden Tag kommen neue Erkenntnisse dazu.

Bestimmt werden Sie hier Ausbildungsmethoden finden, die Ihnen bekannt sind. Wenn Sie die Möglichkeit haben, schauen Sie sich verschiedene Trainer und deren Vorgehensweisen an oder schmökern Sie in der einschlägigen Fachliteratur. Ich persönlich habe meine ersten bewussten Erfahrungen in der Bodenarbeit zusammen mit einer Jungstute, anhand eines Buches von Linda Tellington-Jones, gemacht. Auch heute noch fasziniert und begeistert mich ihre Herangehensweise an die Probleme der Pferde.

Die Autorin mit ihrer Welsh-Tinkerstute Eireen.

Aber auch andere Methoden haben mir viele wertvolle Tipps geliefert, die meine Sicht- und Arbeitsweise beeinflusst und ergänzt haben. Letztendlich lasse ich das Pferd entscheiden, welches Vorgehen zweckmäßig ist, damit habe ich bis heute die besten Erfahrungen gemacht.

Dieses Buch soll Ihnen helfen zu beurteilen, ob eine Methode die richtige für Ihr Pferd und für Sie ist. Es soll Ihnen die Augen für die Vielfalt der Möglichkeiten öffnen und will das Verständnis für das Wesen der Pferde vertiefen. Hierzu ist das Buch mit kleinen Kästen gespickt, in denen Sie anhand persönlicher Geschichten lesen können, was mich die Pferde im Laufe der vielen Jahre der Zusammenarbeit gelehrt haben.

Lesen Sie, probieren Sie aus und prüfen Sie, ob Ihnen und Ihrem Pferd mit meinen Lösungsvorschlägen geholfen wird. Ihrer Kreativität bei der Entwicklung eigener Ideen wird nur durch Ihr Pferd Grenzen gesetzt.

Der ERSTE EINDRUCK zählt

Das erste Kennenlernen verläuft zwischen Menschen ähnlich wie zwischen Mensch und Pferd. Beide beobachten sich, tauschen ein paar Worte aus, die im Fall der Mensch-Pferd-Begegnung eher körpersprachlicher Natur sind, und stecken ihr Gegenüber in eine passende Schublade.

Ihr Pferd durchschaut Sie

Ebenso wie unter Menschen, zählt auch in der Pferdewelt der erste Eindruck. Wenn Sie also von Anfang an Eindruck auf Ihr Pferd machen möchten, dann achten Sie auf Ihre Körpersprache, denn das ist die Sprache der Pferde. Pferde sind sehr gute Beobachter und nehmen schon bei der ersten Begegnung die Stimmung und innere Haltung ihres Gegenübers wahr. Sie sollten präsent sein und nicht schüchtern auftreten. Nicht umsonst werden Seminare für Führungskräfte im Roundpen angeboten, um eben dieses selbstbewusste Auftreten zu schulen.

Es bedeutet nicht, dass es nicht möglich ist, zu schummeln und andere Gefühlszustände vorzuspielen, aber Pferde sind Beobachtungs-Profis, die Lügner schnell entlarven. Ist Ihr Pferd ein alter Hase, der viel Erfahrung mit Menschen sammeln konnte, wird es unbekannte Menschen innerhalb weniger Augenblicke beurteilen und einer

Haflingerstute Dolli und -wallach Ben fühlen sich pudelwohl. Ein artgerechtes Umfeld ist für den Trainingserfolg essenziell.

„Meine Pferde-Lektion"

Meine bekannteste vierbeinige Schülerin war die Stute Shimounah, die für eine Artikelserie in der Zeitschrift Cavallo zu mir in die Lehre kam. Ihre ursprünglichen Umgangsformen waren so schlecht, dass sie ihre Besitzer mit ihrer Zickigkeit und Sturheit schier zum Verzweifeln brachte. Sie zerriss je nach Bedarf Halfter und Stricke und schreckte beim Hufegeben und Spazierengehen auch nicht vor tätlichen Angriffen zurück.

Wir begegneten uns zum ersten Mal im Anhänger, in dem sie zu mir gebracht wurde. Nach dem Abladen klärten wir auf den ersten 100 Metern die Regeln unserer Zusammenarbeit: Sie rempelte, ich wies sie freundlich, aber deutlich zurecht. Sie wollte vor einer Pfütze scheuen, ich drängte sie zum Hinschauen, und daraufhin ging sie sogar hindurch. Mein selbstbewusstes Auftreten hatte zur Folge, dass sie meine Nähe suchte und mir vertraute. Ich hatte während der gesamten Ausbildung keine ernsthaften Probleme mit ihr.

bestimmten „Schublade" zuordnen. Nur so ist zu erklären, dass vermeintlich wilde Pferde plötzlich zum sanfte Lämmchen werden, wenn ein erfahrener Pferdemensch den Strick in die Hand nimmt. Sie spüren, mit welcher Entschlossenheit und Selbstsicherheit ihr Gegenüber handelt.

Achten Sie daher auf eine tiefe, ruhige Atmung, eine lockere, aufrechte Haltung, weiche, gelassene Bewegungen und eine möglichst tiefe, volle Stimme. Handeln Sie entschlossen, aber mit Rücksicht auf Ihr Gegenüber. Beobachten Sie Ihr Pferd, um entsprechend und angemessen reagieren zu können.

Das wohlerzogene Pferd

Was erwarten wir von einem wohlerzogenen Pferd? Es soll schmiede- und verladefromm, folgsam und vertrauensvoll gegenüber dem Menschen sein. Es soll möglichst cool und gelassen in normalen Alltags- und am liebsten auch in Sondersituationen sein, dabei aber natürlich auch sensibel und aufmerksam bleiben. Es drängelt, schubst, beißt und tritt nicht und nimmt vorsichtig das Leckerli aus der Hand. Es zieht seinen Menschen nicht an Strick oder Longe durch die Halle oder über das Feld. Es zickt nicht beim Anbinden, Putzen, Satteln und Aufsteigen. Es lässt sich problemlos die Wurmkur verabreichen und Fieber messen. Diese Wunschliste lässt sich bestimmt noch um einiges erweitern.

Nun treten Sie bitte einen Schritt zurück und betrachten Sie diese Grund(!)-Erwar-

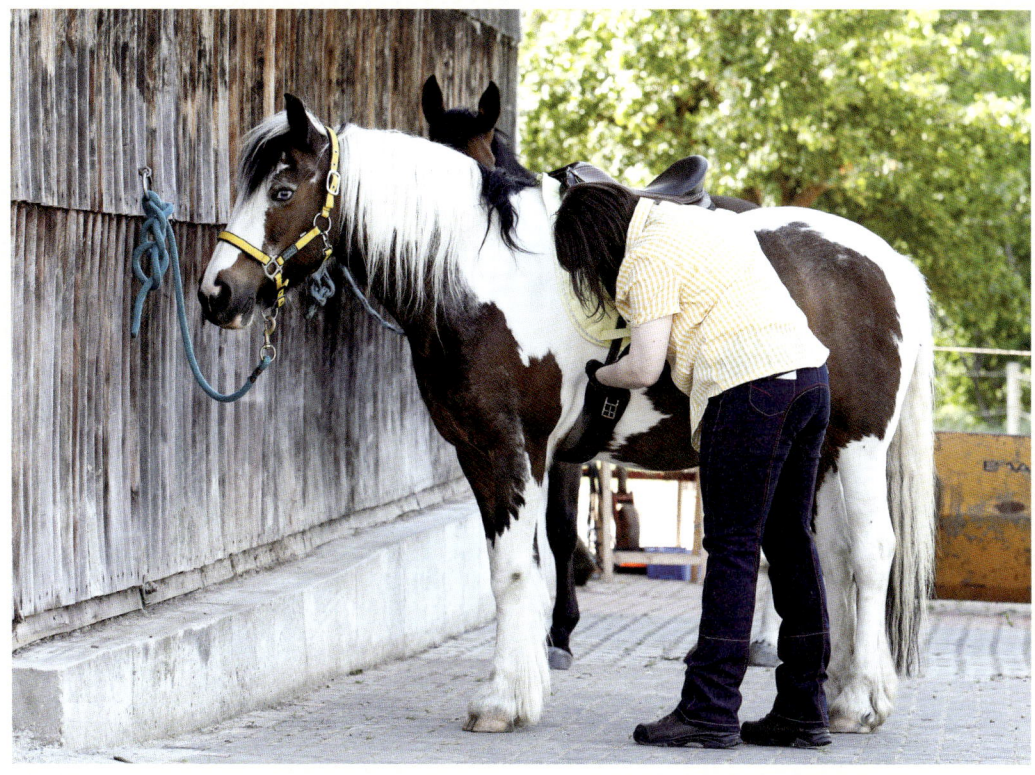

Eireen hat die „Benimm-Schule" schon erfolgreich absolviert und lässt sich entspannt aufsatteln.

tungen an unsere Pferde. Wenn wir bedenken, dass Pferde als Fluchttiere für ein Überleben in freier Natur geschaffen wurden, dann wird uns bewusst, wie viel wir ihnen abverlangen! Und es muss uns bewusst sein, dass wir Menschen dafür verantwortlich sind, ihnen all dies beizubringen. Haben Sie also kein schlechtes Gewissen dabei, Ihr Pferd zu erziehen, denn es ist nicht nur zu Ihrem, sondern auch zu seinem eigenen Nutzen. Ein Pferd ist in der Menschenwelt auf unsere Hilfe angewiesen, allein schon,

um Gefahrensituationen zu vermeiden. Erfährt es eine pferdegerechte Erziehung mit Ruhe und Lob, kann es schnell ein angenehmeres Leben führen.

Verwöhnen Sie Ihr Pferd hingegen dauernd und lassen ihm immer seinen Willen, gehen nie an seine Widerstandsgrenze und überwinden diese, dann sind Sie der Urheber allen Stresses, der irgendwann auf Ihr Pferd einwirken wird. Denn im Leben der meisten Pferde kommt irgendwann der Tag, an dem es „ernst" wird und es zum Beispiel zum Reitpferd ausgebildet werden soll. Schon oft hatte ich es mit Pferden zu tun, die mit viel Freundlichkeit und Liebe großgezogen wurden, ohne dass dabei artgerecht, sondern vielmehr menschlich mit ihnen umgegangen wurde. Wenn dann der Ernst des Lebens als zukünftiges Reitpferd begann, waren sie oft mit den neuen Erwartungen, die an sie gestellt wurden, überfordert. Dann vermissten sie ihre gewohnte Bequemlichkeit und setzten sich zur Wehr. Bei einer vernünftigen Grunderziehung von Anfang an, die von Geduld, Konsequenz und viel Lob geprägt ist, bleibt einem jungen Pferd dieser Stress erspart.

Fordern Sie gute Umgangsformen ein!

Ein Pferde-Lehrer muss Sicherheit und Ruhe ausstrahlen können. Und das können Sie nur, wenn Sie sicher sind, Ihre Anweisungen immer schadlos geben und auch durchsetzen zu können. Daher gilt: Jede persönlich gegen Sie gerichtete Drohung, jeder Scheinangriff oder Angriff wird geahndet. Auch ein Rempeln aus Versehen ist nicht tolerierbar.

Auch wir Menschen erwarten voneinander im Alltag einen höflichen Umgang miteinander. Hat unser Vorgesetzter oder Kollege zum Beispiel einen schlechten Tag und lässt dies an uns aus, ist er oder sie also unhöflich, dann liegt es an uns, Höflichkeit einzufordern. Nur so ist auch gewährleistet, dass alle auf Dauer ihr Bestes bei der Arbeit geben können. Lassen wir uns aber unhöflich behandeln, so geraten wir mit der Zeit in eine unangenehme Position.

Übertragen auf die Mensch-Pferd-Beziehung bedeutet das: Dulden Sie kein unhöfliches Verhalten Ihres Pferdes Ihnen gegenüber, denn Sie wollen dem Pferd nicht unterlegen sein. Es darf Sie nicht anrempeln, zur Seite schieben, schubsen oder gar umstoßen. Es darf Ihnen nicht drohen, Sie zwicken, beißen oder nach Ihnen treten. Jede Unflätigkeit seitens des Pferdes, die gegen Sie direkt gerichtet ist, wird sofort geahndet. Reagieren Sie dabei immer emotionslos! Wut oder Enttäuschung haben in der Pferdeerziehung nichts verloren. Dennoch wollen wir unsere Pferde natürlich nicht unterdrücken und ihnen jeglichen Ausdruck ihres Gemütszustandes verbieten. Ihr Pferd muss also seinen Unmut äußern dürfen, sei es durch Aufstampfen, das Schütteln des Kopfes oder das Zurücklegen der Ohren. Nur so kann es Ihnen mitteilen, dass ihm etwas unangenehm ist, es sich überfordert fühlt oder es Ihre Anweisung nicht verstanden hat.

„Meine Pferde-Lektion"

Ein Pferd muss sich auch mal Luft machen und vor sich hin schimpfen dürfen – solange es die Anstandsgrenze nicht überschreitet. Meine Welsh-Tinkerstute Eireen wird zum Beispiel immer etwas mürrisch, wenn sie der Meinung ist, dass ich sie nicht schnell genug an der Koppel abliefere. Wohlgemerkt: Sie greift mich dabei NIE an und bleibt immer gehorsam.

Es ist ähnlich wie bei einem Hund: Ein Hund, der nicht knurren darf, wird irgendwann ohne Vorwarnung zubeißen! Ein Pferd, dessen Abwehrreaktionen immer bestraft werden, zieht sich zurück und wird unglücklich oder setzt sich irgendwann massiv zur Wehr. Im Rahmen einer Untersuchung in einem Ausbildungsstall wurden die Stresswerte im Blut von Jungpferden während des Anreitens untersucht. Dabei kam heraus, dass einige der (vermeintlich) ruhigen Kandidaten viel gestresster waren als die, die auch mal offen tobten oder abzischten. Berührt Ihr Pferd Sie also zum Beispiel vorsichtig mit der Nase, ohne Sie zu bedrängen, dann lassen Sie es geschehen und freuen Sie sich, dass es Ihre Nähe sucht. Wird es aber frech und fordernd, dann weisen Sie es zurecht. Hier ist Ihr Gefühl gefragt, um richtig zu interpretieren, welche Intention Ihr Pferd hat. Leider gibt es hierfür kein genaues Rezept, sondern nur Ihr Bauchgefühl und Ihre damit gemachten Erfahrungen, die Sie unvoreingenommen und neutral bewerten müssen.

Auch Eireen zeigt mir sehr deutlich, wenn ihr etwas nicht gefällt, ohne jedoch gefährlich zu werden.

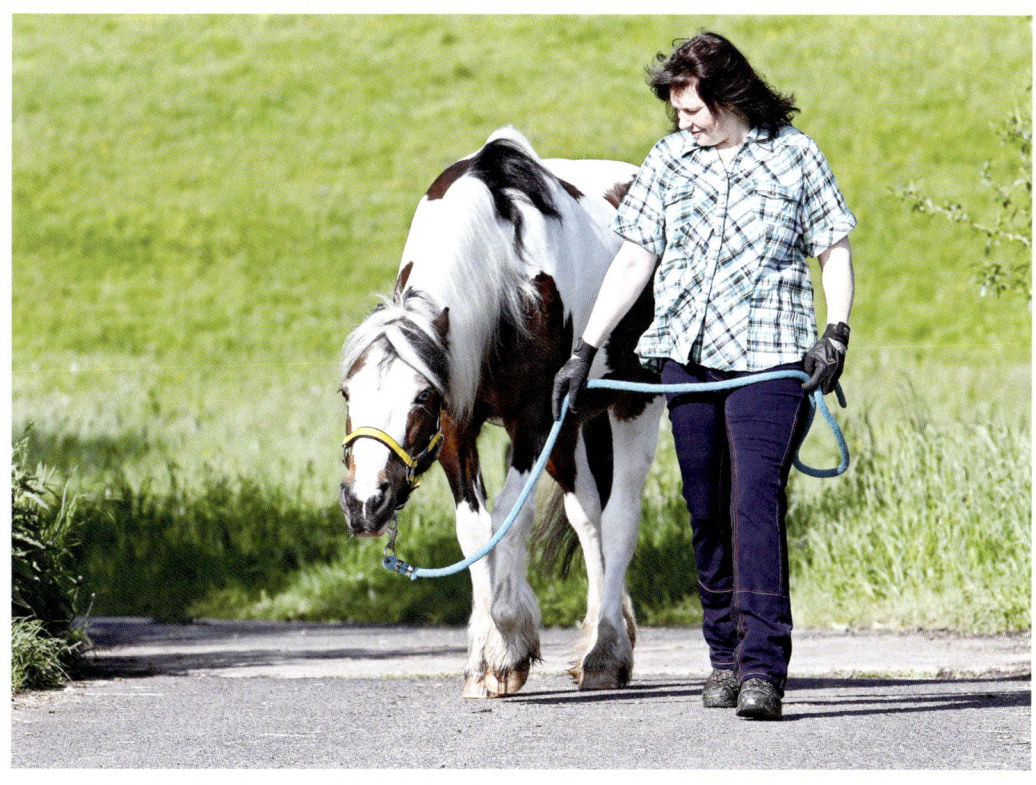

Ein schönes Zuhause

Schulungserfolge stellen sich dann am schnellsten und nachhaltigsten ein, wenn der Schüler, in diesem Fall Ihr Pferd, sich in seiner eigenen Haut wohlfühlt und seinen Lehrer achtet. Deshalb ist eine sichere und sinnvolle Ausrüstung für die effektive Erziehungsarbeit ebenso wichtig, wie die Möglichkeit, bei Schwierigkeiten auf die Fachkompetenz eines Trainers zurückgreifen zu können. Um die Zusammenarbeit für Ihr Pferd so stressfrei wie möglich zu gestalten, sind eine geeignete Umgebung für die Übungseinheiten, und vorangehend vor allem die artgerechte Haltung Ihres Pferdes unbedingt nötig.

Ein Pferd braucht viel freie Bewegung und soziale Kontakte. Es erlernt die grundlegenden sozialen Regeln nur durch ein Leben in der Herde. Eine Pferde-Gemeinschaft nimmt Ihnen einen Großteil Ihrer Erziehungsarbeit ab. Ihr Pferd kann seine Lebensfreude, seinen Bewegungsdrang, aber auch seine Aggressionen mit und an Gleichgesinnten loswerden und erfährt auch sofort die Konsequenz seines Verhaltens. Nur eine Haltung im Offenstall oder wenigstens mit Gruppenauslauf auf genügend großen Flächen kann diese Grundvoraussetzungen schaffen, denn Pferde können sich bei reiner Boxenhaltung nicht sozialisieren.

Leider haben viele unserer Hauspferde nicht die Möglichkeit, ein annähernd natürliches und gesundes Pferdeleben zu führen. Selten wachsen sie in einem Familienverbund auf und heran, sie wechseln nicht selten den Wohnsitz, haben eine langweilige Freizeit

„Meine Pferde-Lektion"

Einmal hatte ich das Glück, eine Jungstute anzureiten, die optimal vorbereitet war. Sie hatte den gleichen Grundcharakter wie ihre Mutter, nämlich das Potenzial zu einer Kämpferin oder zu einer unerschrockenen Partnerin in der Freizeit. Sie wuchs behütet von der Mutter in einer gemischten Gruppe im Offenstall auf. Bereits als Fohlen erhielt sie in der Pferdegruppe ihre Grunderziehung. Menschen kannte sie von den täglichen Stallarbeiten. Sie lernte von Anfang an nur das Nötigste und war somit führig, man konnte sie anbinden, putzen, die Hufe säubern und bearbeiten. Sie hatte von Menschen nur Gutes erfahren, durfte ihnen aber nie auf der Nase herumtanzen. Sie vertraute und respektierte den Menschen, war unerschrocken und neugierig. Sie einzureiten war eine Wonne, ohne Stress für beide Seiten und mit stetigem Fortschritt bei der Schulung.

und schlafen und leben häufig getrennt voneinander in geschlossenen Boxen. Sie bewegen sich zu wenig in ihrer Freizeit und dann im Training geballt sehr viel. Und selbst wenn sie Gruppenauslauf bekommen, müssen sie die vertraute Herde immer wieder verlassen und ihre Zeit mit fremden Wesen (Menschen) zubringen. Pferde sind erstaunlich zäh und gutmütig. Dennoch sollten Sie Anzeichen für depressives Verhalten nicht übersehen und darauf entsprechend, zum Beispiel durch eine Haltungsumstellung, reagieren. Es liegt in Ihrer Verantwortung, Ihrem Pferd ein Leben mit Artgenossen zu ermöglichen. Denn Unterbringung und Freizeitgestaltung Ihres Pferdes haben starken Einfluss auf sein Verhalten und seine Belehrbarkeit.

Gut ausgerüstet

Die Übungen sind so angelegt, dass die normale Grundausstattung ausreichend ist. Für den Menschen sind als Sicherheitskleidung festes, knöchelhohes Schuhwerk, in dem Sie gut laufen können, und Handschuhe sehr zu empfehlen.

Für Ihr Pferd benötigen Sie mindestens ein passendes und stabiles Stallhalfter und einen ausreichend langen Führstrick, der gut und griffig in der Hand liegt. Auch eine stramme Dressurgerte als verlängerter „Zeigefinger" sollte nicht fehlen. Erweitern Sie Ihre Ausrüstung bei Bedarf um eine Führkette oder ein Knotenhalfter, einen Springstock, eine Peitsche mit kurzem Schlag, eine Longierpeitsche mit langem Lederschlag und eine Longe. Für ein pferdeschonendes und effektives Longieren darf nach meinem Dafürhalten nicht auf die Vorteile eines Kappzaumes verzichtet werden. Als zusätzliches Hilfsmittel hat sich in vielen Fällen das Einbeziehen

eines Körperbandes nach Linda Tellington-Jones ins Training bewährt. In seiner einfachsten Form besteht es aus zwei zusammengeknoteten elastischen Bandagen.

Lassen Sie beim ersten Anlegen jedoch eine gewisse Vorsicht walten, besonders wenn Sie nicht einschätzen können, wie Ihr Pferd beim Anlegen der Bandagen um die Hinterhand reagiert. Zu Ihrer eigenen Sicherheit sollten Sie zu zweit arbeiten. Ein Helfer hält und führt das Pferd, während Sie die Bandage anlegen. Arbeiten Sie beide von derselben Seite Ihres Pferdes aus, damit es eine freie Fluchtmöglichkeit hat und nicht zwischen Ihnen beiden gefangen ist.

Zuerst legen Sie die Bandage um den Halsansatz, halten sie hinter dem Widerrist fest und lassen Ihr Pferd von Ihrem Helfer ein Stück führen, bis Gelassenheit einkehrt. Dann kreuzen Sie die Bandagen ein- oder zweimal hinter dem Widerrist und legen sie vorsichtig über den Schweif um die Hinterhand. Halten Sie die losen Enden fest, während Ihr Pferd wieder einige Meter geführt wird. Ziehen Sie testweise die hintere Bandage stramm, so lang bis Ihr Pferd gelassen dahinschreitet. Erst dann knoten Sie die Enden beider Bandagen mit einer Schleife, die mit einem Zug zu öffnen ist, zusammen. Begleiten Sie sicherheitshalber Führer und Pferd noch ein Stück und ziehen Sie sich zurück, wenn alles gut läuft. Später, wenn Ihr Pferd sich an die Bandage an der Hinterhand gewöhnt hat, können Sie den Schweif über die Bandage legen.

Des Weiteren gehört ein eingezäunter Arbeitsplatz zur guten Grundausstattung. Je nach Problemstellung ist ein Platz mit einer

Schlagen Sie das Körperband hinter dem Widerrist übereinander, bevor Sie es weiter um die Hinterhand führen. Arbeiten Sie zu Beginn auf jeden Fall mit einem Helfer zusammen und fixieren Sie die Bandage erst dann, wenn Ihr Pferd sie akzeptiert hat.

Grundfläche von mindestens zehn mal zehn Metern hilfreich und notwendig. Größere Flächen eröffnen natürlich mehr Arbeitsmöglichkeiten. Der Boden sollte eben, griffig und nicht zu tief oder zu hart sein, damit Sie oder Ihr Pferd nicht ständig stolpern oder sich den Knöchel verstauchen. Eine leichte Hanglage oder große Wellen sind dabei kein Nachteil. Früher gab es neben den horizontalen Reitplätzen immer auch geneigte Arbeitsflächen. Nichts schult ein Pferd besser darin, sein eigenes Gleichgewicht zu finden und sich selbst zu tragen, als das Einhalten eines gleichmäßigen Tempos beim Longieren oder Reiten bergauf wie bergab.

Hilfestellung für den Ausbilder

Egal, welche Methode oder Vorgehensweise Sie der Erziehung Ihre Pferdes zugrunde legen: Hören Sie auf Ihr Gefühl und geben Sie nicht zu früh auf. Manchmal dauert es etwas, bis der Erfolg sich einstellt. Freuen Sie sich an den kleinen Zwischenerfolgen und teilen Sie Ihrem Pferd immer wieder mit, dass Sie zufrieden sind. Hinterfragen Sie jedoch auch immer Ihr Handeln und reflektieren Sie, ob Sie sich Ihrem gesteckten Ziel tatsächlich nähern. Wenn dem nicht so ist, bietet es sich an, eine andere Herangehensweise auszuprobieren, die vielleicht besser zu Ihnen und Ihrem Pferd passt.

Machen Sie sich das Leben also nicht unnötig schwer und holen Sie sich Unterstützung von außen, wenn Sie unsicher sind. Eine Person Ihres Vertrauens ist dabei immer ein wertvoller Ratgeber. Sie muss nicht unbedingt etwas von Pferden verstehen. Sie kann Ihnen aber zur Hand gehen, beobachten und ihre Eindrücke schildern oder Sie bei der Arbeit filmen, damit Sie sich selbst und Ihr Pferd von außen beurteilen können.

Holen Sie sich Rat bei einem Pferdekenner oder einem Buch. Aber befolgen Sie nicht blind jede Empfehlung, wenn sie Ihnen nicht schlüssig erklärt wird. Was für den einen gut und richtig ist, kann für Sie oder Ihr Pferd verkehrt sein.

Beobachten Sie deshalb vor allem die Reaktion Ihres Pferdes. Denn das Pferd ist Ihr bester Lehrmeister. Pferde leben im Hier und Jetzt und können nicht lügen. Da sie nicht planen können, aber immer ehrlich reagieren, bekommt man von ihnen das objektivste Feedback. Sie können mit Gewissheit davon ausgehen, dass Ihr Pferd recht hat und es richtig macht und Ihre Handlung die Ursache für das entstandene Problem ist!

Wann sollten Sie einen Trainer zurate ziehen?

Sollte der Erfolg sich trotz ausdauernden Trainings und immer neuen Herangehensweisen nicht einstellen, lassen Sie sich von einem Trainer unterstützen. Manchmal helfen schon wenige Trainingseinheiten, um Ihnen und Ihrem Pferd neue Impulse zu geben. Es ist noch kein Meister vom Himmel gefallen und es lohnt sich immer, Frustration in der gemeinsamen Arbeit zu vermeiden. Aber auch wenn Sie ein neues Pferd

"Meine Pferde-Lektion"

Auch ich musste erst lernen, mich mehr auf mein Gefühl und die Intuition zu verlassen als auf meine vorgefasste Meinung oder das, was ich zu wissen glaubte.

Ich musste mich auch vom Einfluss des Lästerstübchens – Entschuldigung! Reiterstübchens – lösen oder von dem, was andere von mir denken könnten. Es gelingt mir nicht immer, aber ich werde durch die Hilfe meiner zwei- und vierbeinigen Schüler immer besser darin. Ich versuche, es wie die Pferde zu machen, und im Hier und Jetzt und unvoreingenommen zu arbeiten. Manchmal, wenn ich in einer Sackgasse stecke und mir nicht sicher bin, ob der eingeschlagene Weg der richtige ist, schlafe ich eine Nacht darüber und vertraue darauf, dass ich bis zum nächsten Mal eine Eingebung bekomme und es dann besser klappt. Bis heute hat diese Vorgehensweise noch immer geholfen. Vermutlich auch, weil das Pferd ein wenig Zeit hatte, das Gelernte zu verarbeiten.

bekommen haben und noch unsicher sind, kann ein Trainer Ihnen den Start in die gemeinsame Zeit erleichtern. Eine erfahrene Person kann Sie und Ihr Pferd von außen beobachten und Ihnen über Ihre ersten Verständigungsschwierigkeiten hinweghelfen.

Wenn plötzlich Schwierigkeiten auftreten, die Sie nicht bewältigen können, dann warten Sie nicht zu lange, bevor Sie jemanden zurate ziehen. Je länger Unarten Zeit haben sich zu etablieren, umso schwerer wird deren Bekämpfung. Wenn Sie feststellen, dass sich kein Fortschritt einstellt oder das gezeigte Verhalten gefährlich für Sie, Ihr Pferd oder Dritte wird, dann sollten Sie unbedingt einen Trainer zurate ziehen. Bei der Auswahl des zu Ihnen und Ihrem Pferd passenden Trainers können Ihnen diese Ratschläge helfen:

Zuerst schauen Sie sich, wenn möglich, Unterrichtseinheiten von ihm/ihr an, und überlegen Sie, ob Ihnen seine/ihre Art und Methode zusagt. Beim ersten Treffen sollte er/sie sich von Ihnen in Ruhe erzählen lassen, welche Schwierigkeiten Sie haben, was Ihr Ziel ist, welche Vorarbeit Sie geleistet haben und inwieweit Sie dabei erfolgreich waren. Danach sollten Sie praktisch zeigen dürfen, was Sie und Ihr Pferd können oder nicht können. Danach erhalten Sie ein Feedback darüber, welchen ersten Eindruck der Trainer von außen bekommen hat. Um sich dann selbst ein Bild vom Charakter und der Lernbereitschaft Ihres Pferdes machen zu können, muss er/sie selbst abfragen, auf welchem Ausbildungsstand sich Ihr Pferd befindet. Dabei sollte er/sie zwar Grenzen antesten, aber spektakuläre Erziehungsmaßnahmen unterlassen, sofern Ihr Pferd nicht angreift. Wieder erhalten

Lassen Sie sich von einem Trainer unterstützen, wenn Sie alleine nicht weiterkommen. Ein kleiner Impuls von außen kann Ihnen völlig neue Ideen geben und Wege aufzeigen.

Sie eine Auskunft vom ersten Eindruck und die dazugehörigen Erläuterungen. „Pferdeflüstern" ohne jegliche Anleitung zum Nacharbeiten für Sie ist zwar schön anzusehen, mystisch und beeindruckend, aber für Sie letztendlich ohne Nutzen.

Der Lehrplan sollte entsprechend Ihrer Ziele, Ihres Könnens und dem Können Ihres Pferdes aufgestellt sein. Zwischenziele sollten gesteckt und erklärt werden. Immer wenn Sie Schwierigkeiten haben, eine gestellte Aufgabe zu bewältigen, sollte eine für Sie verständ-liche und ausführbare Anweisung gegeben werden. Ein Trainer sollte Mensch und Tier Sicherheit geben, beide unterstützen und motivieren. Er/sie muss in der Lage sein, eine angenehme Arbeitsatmosphäre zu schaffen.

Aber auch ein Trainer kann nicht immer eine Lösung parat haben, das kann und muss man meiner Meinung nach auch zugeben können und dürfen. Er/sie sollte dann den Aufwand betreiben, sich Rat zu holen, um einen anderen Lösungsweg zu entwickeln. Oder er/sie sollte Ihnen einen anderen Trainer empfehlen.

Pferde lernen durch Zuschauen und Nachahmen. Machen Sie Ihrem Pferd also vor, was Sie von ihm verlangen.

VIELE WEGE FÜHREN
zu höflichem Benehmen

Rolf Becher, der Begründer des Chiron-Systems, stellte über eine pferdegerechte Ausbildung folgende Grundüberlegungen an: „Jeder physische Vorgang ist psychisch begründet. Wir merken uns also den Grundsatz: Das körperliche Gleichgewicht ist vom seelischen abhängig und umgekehrt. Ein narkotisiertes Pferd würde nicht fähig sein, zu gehen oder irgendwelchen Reiterhilfen zu folgen. Also kommen wir zur Erwägung 1: Ich brauche das Gehirn des Pferdes, um seine Muskulatur in Tätigkeit zu bringen. Erwägung 2: Ich muss den Willen des Pferdes mit meinem Willen in Einklang bringen, denn an Muskelkraft ist es stärker."

Wie lernen Pferde?

Wir Menschen teilen uns gerne verbal mit: wir erklären, schimpfen, sprechen lobende Worte. Pferde hingegen kommunizieren mit ihrem Körper. Die Körpersprache ist eine Zeichensprache. Gesten, Bewegungen, ja sogar Körperspannungen werden sehr genau gelesen und verstanden. Auch der Mensch teilt sich zu 90 Prozent nonverbal mit, doch die Fähigkeit, Körpersprache und Mimik in jeder Situation richtig zu deuten, ist uns durch die „einfachere" Möglichkeit der verbalen Kommunikation verloren gegangen.

Im Umgang mit Pferden sollten wir uns wieder auf diese Fähigkeit besinnen und sie wieder zum Leben erwecken. Die Gefühls-ebene ist bei allen Säugetieren ähnlich. Wir alle können Freude, Ärger und Frustration empfinden. Wir sind jemandem zu- oder abgeneigt und wir verstehen und erfühlen den Gemütszustand unseres Gegenübers. Die einen (Pferde) sind begabter dafür als die anderen (Menschen), aber jeder kann sich auf diesem Gebiet verbessern. Wir neigen im gleichen Maß dazu, seelisch überbeansprucht zu sein, ja sogar seelisch krank zu werden. Unser seelischer Zustand beeinflusst unseren Körper, seinen Ausdruck und seine Verfassung. Gleiches gilt aber auch umgekehrt, wir können über den Körper die Seele beeinflussen. Berührungen können beruhigen oder aufwecken, tiefes Atmen hilft Ängste zu bewältigen. Das Lockern einer angespannten Muskulatur erzeugt ein körperliches und seelisches Wohlbefinden. Ja sogar die bloße Anwesenheit eines anderen kann beruhigend oder aufregend wirken. Pferde sind fest in dieser Gefühlswelt verwurzelt. Ich denke, sie erspüren Gefühle oder zumindest sehen sie sie an unserer Körperspannung und -haltung. Sie lesen unsere Körpersprache, und somit müssen wir diese Art der Kommunikation für unser Zusammensein nutzen. Das geht so weit, dass ein gut aufeinander eingestelltes Mensch-Pferd-Team sich scheinbar unsichtbar verständigen kann. In einem solchen Fall kann man dann wirklich vom „Pferde-flüstern" sprechen.

Wie also lernt Ihr Pferd am besten? Pferde lernen durch Zuschauen und Nachahmen. Wenn Sie also möchten, dass Ihr Pferd die Hufe über den Stangen hebt, dann sollten Sie auch die Füße heben. Wollen Sie, dass es sich etwas anschaut, dann begutachten Sie selbst den Gegenstand. Dazu ein wichtiger Hinweis: Pferde betrachten einen Gegenstand erst dann als vollständig erkundet, wenn sie ihn auch mit der Nase berührt haben. Da ein Pferd als Fluchttier ein zweigeteiltes Gesichtsfeld hat, kann es passieren, dass es sich auf der einen Hand fürchterlich vor einem Gegenstand erschreckt, obwohl es vorher auf der anderen Hand gelassen daran vorbeigegangen ist. Daher sollten Pferde auch von beiden Seiten geführt und gearbeitet werden.

Bei Pferden und Menschen, die es nicht gewohnt sind, erfordert dies jedoch erhöhten Übungsaufwand. Einen Vorteil bietet es jedoch, wenn Ihr Pferd bislang nur einseitig geschult ist: Sollte es zu Problemen beim Führen oder Aufsteigen kommen, können Sie dieses auf der bislang nicht „genutzten" Seite vollkommen neu schulen.

Um nachhaltigen Lernerfolg zu erarbeiten, brauchen Pferd und Mensch grundsätzlich eine ruhige Arbeitsatmosphäre. Ihr Pferd muss sich wohlfühlen, damit es sich die Zeit nimmt, Verknüpfungen des Gelernten herzustellen. Mit Druck und Zwang kann man nur dressieren, und sobald dieser Stress nicht mehr da ist, wird das Pferd wieder in alte Muster zurückfallen. Pferde tun nur das, was sich für sie lohnt, also machen Sie doch auch mal ein Geschäft mit Ihrem Pferd. Der Ablauf ist immer derselbe: Das Pferd handelt und Sie verstärken diese Handlung durch eine positive Reaktion. Ihr Pferd wird nach einigen Wiederholungen schnell lernen, wenn eine Aktion seinerseits die erhoffte Reaktion Ihrerseits nach sich zieht.

Diese Konditionierung funktioniert im Guten wie im Schlechten. Gut oder schlecht ist hier jedoch nur die Anschauungsweise des Menschen. Pferde unterscheiden zwischen „nützlich" und „nicht nützlich". Je nachdem, wie experimentierfreudig Ihr Pferd ist, probiert es häufig neue Handlungen aus und lernt schnell, sobald es die Verknüpfung von Handlung und Reaktion begreift. Solche „Schnellmerker" können dann zu wahren Entfesselungskünstlern, Riegelknackern oder Futterkistenräubern werden, ohne dass es ihnen jemand wissentlich beigebracht hat. Demzufolge ist jede sogenannte Unart Ihres Pferdes lediglich das Produkt eines Lernprozesses, den der Mensch wissentlich oder unwissentlich möglich gemacht hat. Handeln Sie also in Gegenwart Ihres Pferdes immer bewusst und verlässlich einschätzbar. Lassen Sie Verhaltensweisen nicht durchgehen, die Sie an einem anderen Tag bestrafen. Sprunghaftes Verhalten ist für Ihr Pferd sehr schwer einzuschätzen.

Da Ihr Pferd nicht in der Lage sein wird, den Nutzen dessen, was Sie ihm beibringen möchten sofort zu erkennen, müssen Sie etwas Lohnendes in Aussicht stellen können. Ansonsten kämpfen Sie nicht nur gegen das eigentliche Problem an, sondern zusätzlich gegen den Unwillen Ihres Pferdes. Und ist ein Pferd unwillig, verkrampft es sich – da geht es den Pferden wie den Menschen. Die einfachste Form der Belohnung ist das Wegnehmen des Druckes und das Gewähren einer Pause, ergänzt durch ein stimmliches Lob. Sollte Ihr Pferd stärkere Motivation benötigen, ist Futter ein einfaches und bewährtes Mittel.

Betrachten wir die Belohnung durch Futter jedoch einmal aus Sicht der Pferde. Das Überlassen von Futter ist, anders als bei Wölfen oder Hunden, im Sozialverhalten der Pferde nicht vorgesehen. Selbst eine Stute würde nicht zugunsten ihres Fohlens auf Futter verzichten, denn es ist wichtiger, dass sie überlebt, um im traurigsten Fall im nächsten Jahr ein neues Fohlen zur Welt bringen zu können. Der Stärkere beansprucht das Futter für sich, denn die Stärksten sichern auf Dauer den Arterhalt. Im strengen Umkehrschluss würde dies bedeuten, dass das Überlassen von Futter gleichbedeutend ist mit der Anerkennung der größeren Stärke des anderen. Daher hat sich bei einigen Forschern die Meinung entwickelt, dass Futterbelohnung für die Erziehung eines Pferdes kontraproduktiv sei.

Früher gehörte ich auch zu denjenigen, die die Belohnung mit Leckerlis eher vermieden. Durch die vielen unterschiedlichen Erfahrungen, die ich machen durfte, verfahre ich jedoch mittlerweile so, wie es mir bei dem jeweiligen Pferd am sinnvollsten und effektivsten erscheint. Den sehr resoluten und etwas aufdringlichen Haflinger Ben belohne ich eher sporadisch mit Futter, meine Tinkerstute Eireen (sie kann sehr zauberhaft und zart betteln) verwöhne ich hingegen regelrecht mit Leckerlis. Sie müssen anhand Ihrer Ausbildungserfolge oder -misserfolge entscheiden, wie Sie mit der Futterbelohnung verfahren. Selbst ein bissiges Pferd, das nicht aus der Hand gefüttert werden sollte, kann sich im Laufe seiner Erziehung so verändern, dass Futterbelohnungen später kein Problem mehr darstellen.

Brauchbares Fördern und Unbrauchbares ignorieren!

Wenn Sie ein so gieriges und ungeschicktes Pferd haben, dass Sie beim Füttern aus der Hand regelmäßig Ihre Finger riskieren, aber die Vorteile des Futterlobs nutzen wollen, dann füttern Sie so, wie Eva Wiemers es empfiehlt: Nehmen Sie das Leckerli in Ihre Faust und halten Sie diese geschlossen Ihrem Pferd hin. Halten Sie sie ruhig und ziehen Sie sie nicht weg. Falls Ihr Pferd in die Leckerli-Faust beißt, bekommt es diese kurz gegen sein Maul gestoßen und Sie bieten sie ihm weiter an. Erst wenn es sein Maul geschlossen gegen Ihre Faust lehnt und maximal mit den Lippen daran spielt, öffnen Sie die Finger und geben die Belohnung heraus. Vermeiden Sie es, die Hand beim Füttern aus Angst vor Verletzung wegzuziehen oder Ihr Pferd für seine Ungeschicklichkeit mehr als mit dem kurzen Knuff Ihrer Faust zu strafen. Dadurch würde es nur noch unsicherer und ungeschickter in seiner Gier nach dem Leckerli.

Das Schulungsprinzip sollte vorzugsweise lauten: „Brauchbares fördern und Unbrauchbares ignorieren". Dass dies funktioniert, beweist die Pferdeausbildung mithilfe des Clickertrainings. Clickern ist eine besondere Form des Lobens. Das Lob wird mittels Konditionierung antrainiert. Jeder Click bedeutet, dass das Pferd sich korrekt verhalten hat. Zunächst bekommt das Pferd mit jedem Click ein Leckerli, bis es lernt, bereits den Click als Belohnung wahrzunehmen. Das Pferd „hangelt" sich dann am Clicklob entlang zum gewünschten Verhal-

ten. Aus meiner Sicht ist der einzige Nachteil, dass es viel Übung im Vorfeld erfordert, um die nötigen Utensilien für das Clickertraining koordinieren zu können. Schließlich muss das Lob, laut der Verhaltensforschung, innerhalb von zwei Sekunden nach dem gewünschten Verhalten erteilt werden, damit Ihr Pferd einen Zusammenhang zwischen beiden Ereignissen herstellen kann. Ich persönlich bin deshalb beim Stimmlob geblieben, da es für mich und meine Pferde ebenso gut funktioniert. Manche Reiter pfeifen oder schnalzen statt zu clickern, Ihrer Fantasie in der Lautfindung sind also keine Grenzen gesetzt.

Welcher Lerntyp ist Ihr Pferd?

Genau wie wir Menschen ist auch nicht jedes Pferd gleich experimentierfreudig. Manche sind sogar ausgesprochen zäh oder ängstlich, wenn man versucht, sie dazu zu bewegen, mal etwas Neues auszuprobieren. Viele Pferde müssen das Lernen erst lernen. Haben sie aber erst einmal begriffen, dass es zu ihrem Vorteil ist, Dinge auszuprobieren, dann geht es von Mal zu Mal schneller. Unterschiede der Lernfähigkeit und -willigkeit liegen in der Zugehörigkeit zu Ur-Rasse, Geschlecht, Grundcharakter und in Erfahrungen begründet. Die Ur-Rasse untergliederte sich nach Herrmann Ebhardt in zwei Gruppen mit je zwei Typen: die Südpferde mit dem Ur-Araber und dem größeren Steppenpferd (ähnlich dem Araber und Achal-Tekkiner) und die Nordpferde

Hier lässt sich schon erahnen, dass Danielas Warmblutstute Nila mit hohem Vollblutanteil ein anderer Lerntyp sein muss als meine gelassene Welsh-Tinkerstute Eireen.

mit dem Ur-Pony und dem Ur-Kaltblüter (vergleichbar mit dem Exmoor-Pony und den Kaltblütern). Die Südpferde hatten, bedingt durch das wärmere Klima, feineres Fell und waren zartgliedrig und schnell. Nordpferde hingegen waren gedrungener, zotteliger und hatten mit der Kälte zu kämpfen. Während das Ur-Pony auf der ständigen Suche nach geeignetem Lebensraum viel wanderte, war der Ur-Kaltblüter ein großer, starker und behäbiger Schnee-Spezialist, ähnlich dem Mammut.

Südpferde kommen aus der Steppe, in deren weiter Landschaft eine schnelle Flucht die einzige Rettung ist. Nordpferde lebten in kalten, rauen Landschaften, Waldgebieten oder Gebirgen. Die Energieverschwendung einer unüberlegten, kopflosen und schnellen Flucht kann hier mit Erschöpfungstod oder einem Beinbruch enden. Ist die Flucht nicht Erfolg versprechend dann heißt es kämpfen oder das Leben verlieren. So waren die Südpferde heißblütig erfolgreich, während die Nordpferde mit Kaltblütigkeit besser überlebten.

So entwickelten sich, entsprechend der Anforderungen, die der bevorzugte Lebensraum stellte, die für das Überleben geeignetsten Charakterzüge. Nach Ebhardt finden sich diese vier Grundtypen in unseren heutigen Pferderassen wieder.

Doch wie wirken sich diese herkunftsbedingten Unterschiede auf die Lernfähigkeit unserer heutigen Pferde aus? „Heißblütige" Pferde probieren öfter und schneller etwas aus, nehmen sich aber auch seltener die Zeit, Ereignisse zu reflektieren und zu verknüpfen. Haben sie jedoch gelernt, abzuwarten und sich Unbekanntes genauer anzuschauen, dann begreifen sie unheimlich schnell und machen riesige Fortschritte. „Kaltblütige" Pferde sind vielleicht weniger unternehmungslustig, aber sie haben immer Zeit zum Nachdenken. Leider denken sie auch länger nach, bevor sie zum Beispiel ihren Huf von der gequetschten Zehe ihres Reiters nehmen. Schafft es der Ausbilder jedoch ihr Interesse zu wecken, dann wird er mit einem zuverlässigen und erstaunlich feinfühligen Partner belohnt.

Nach meiner Erfahrung ist es schwieriger, ein kaltblütiges Pferd wieder auf die Seite des Reiters zu ziehen, wenn es sich erst einmal widersetzt hat. Denn wenn ein solches Nordpferd wirklich den Aufwand betreibt, sich ernsthaft zu widersetzen, dann muss seine Gutmütigkeit bewusst oder unbewusst lange strapaziert worden sein. Der Fehler muss dann in der Art der Ausbildung gesucht werden.

Die heißblütigen Pferde wollen hingegen in der Regel nur schnell weg, wenn sie sich widersetzen. Sie kämpfen gerade so lange, bis sie frei sind und wieder flüchten können.

Schwer einzuschätzen sind die „Heiß-Kalt-Mischlinge", denn man kann nie sicher sein, welcher Erbteil sich gerade durchsetzt. Im schlimmsten Fall bekommt man es mit einem spritzigen Büffel zu tun.

Was den geschlechtlichen Unterschied angeht, so gelten Stuten als „zickig", da sie die Weisungsbefugnis ihres Reiters viel öfter hinterfragen als Wallache oder Hengste. Die männlichen Vertreter neigen eher dazu, den „Wilden Mann" herauszukehren, indem sie auf den Putz hauen und sich aufplustern. Sie akzeptieren jedoch auch leichter und anhaltender die Zurechtweisung eines Stärkeren. Diese Verhaltensstrukturen liegen wohl in den unterschiedlichen ursprünglichen Lebensweisen und Aufgabenfeldern begründet. Ein Hengst ist darum bemüht, sein Erbgut möglichst weit zu verbreiten, lebt aber in der „Wartezeit" bis er Stuten erobern kann, in einem Junggesellenverband. Eine Stute lebt dauerhaft in einem stabilen Familienverbund und trägt die Verantwortung für ihren Nachwuchs.

Natürlich sind die männlichen und weiblichen Eigenschaften in unterschiedlich starker Ausprägung vorhanden, genau wie bei uns Menschen.

Als gesonderter „Lerntyp" müssen jene Pferde betrachtet werden, die bereits eine Ausbildung genossen haben. Zwar lassen sich die oben genannten körperlichen und charakterlichen Merkmale hier auch anwenden, doch die gemachten Erfahrungen beeinflussen das Lernverhalten eines Pferdes ganz erheblich. Je nachdem, wie das Pferd zuvor ausgebildet wurde und welche Ergebnisse es mit seinem Verhalten erzielt hat, wird es bestimmte Vorstellungen von und Vorurteile gegenüber seinem Ausbilder haben. Ist ein Pferd nicht gewohnt, auch mal etwas zu tun, das ihm nicht zusagt, so wird es sich mit allen Mitteln zur Wehr setzen, sobald es doch mal an seine Widerstandsgrenze herangeführt wird.

Manche Pferde wurden für Fehlverhalten derart hart bestraft, dass sie sich irgendwann nicht mehr trauen, Fehler zu machen, also zu experimentieren. Anstatt zu versuchen zu verstehen, flüchten sie schon vorher vor der möglichen Strafmaßnahme. Dabei flüchten sich die einen in sich selbst und erstarren innerlich und äußerlich, die anderen fliehen kopflos.

Versuchen Sie also, den Lerntyp Ihres Pferdes so genau wie möglich zu definieren, um Ihre Erziehungsmethode und -geschwindigkeit darauf einstellen zu können. So lassen sich Lernerfolge schneller erzielen und die Frustration kann auf beiden Seiten auf ein Minimum reduziert werden.

Auch der Ausbilder muss sich gut benehmen

Genauso wie Ihr Pferd Einfluss auf die Wahl der Erziehungsmethode hat, so haben Sie mit Ihrem Charakter, Ihrem Wissen, Ihren Erfahrungen und Ihren körperlichen Möglichkeiten Einfluss darauf.

Es macht keinen Sinn, mit einem Pferd in den Roundpen oder eine Halle zu gehen und es herumzuscheuchen, wenn Sie nicht verstehen, was Sie da tun oder Ihnen die Kon-

dition und Beweglichkeit fehlt, um das Tempo durchzuhalten. Sie oder Ihr Pferd könnten dabei schlimmstenfalls körperlichen, aber auch seelischen Schaden nehmen.

Wenn Sie zum Beispiel ein eher friedlicher und gemütlicher Mensch sind, nutzt es für Sie nichts, sich mit Härte durchzusetzen. Ihr Weg wird dann besser der langsamere, hartnäckige und konsequente sein.

Welche Herangehensweise Sie auch wählen, hinterfragen Sie Ihre Ängste im Umgang mit dem Pferd. Schnell können Sie falsche Ängste auf Ihr Pferd projizieren. Stellen wir

Ich lasse meine Pferde oft vor der Arbeit erst einmal auf dem Platz laufen und gebe ihnen so die Möglichkeit, sich auszutoben und die Umgebung zu erkunden.

uns die Situation vor, dass Sie mit Ihrem Pferd an der Straße entlanggehen und Ihnen ein Bus entgegenkommt. Natürlich haben Sie keine Angst vor dem Bus, aber Sie haben Angst vor der Reaktion Ihres Pferdes. Ihr Pferd jedoch spürt nur Ihre Angst und bezieht diese auf die augenscheinlichste Gefahr, die drohen könnte, und das ist in der Situation der sich nahende, große Bus. Durch Ihre ängstliche Körpersprache wird es unsicher und wird Ihrer „Empfehlung", Angst zu haben, eventuell folgen.

Diese neue Betrachtungsweise löst Ihre Ängste zwar nicht, aber nach meiner Erfahrung hilft sie bei deren Bewältigung. Arbeiten Sie dann zunächst mit einem Trainer an Ihren eigenen Ängsten, bevor Sie mit der Schulung Ihres Pferdes beginnen. Die Anforderungen an einen Pferde-Lehrer, wie an jeden anderen Lehrer, sind vielfältig. Ich habe hier einige Punkte aufgeführt, die Ihnen eine gute Orientierung sein können: Zuallererst schaffen Sie eine angenehme Arbeitsatmosphäre. Es ist sinnlos zu versuchen, vernünftig zu arbeiten, wenn in der Umgebung so der Teufel los ist, dass Sie genervt sind und Ihr Pferd verängstigt ist. Natürlich ist die Umgebung mit Fortschreiten der Ausbildung nicht mehr ausschlaggebend, da Sie mit der Zeit über genug Selbstdisziplin und innere Ruhe verfügen werden, um diese dann in einer stressigen Situation auf Ihr Pferd übertragen zu können. Aber man muss es sich zu Beginn der Zusammenarbeit ja nicht unnötig schwer machen.

Ebenso gehört es zur Aufgabe des Lehrers, dem Pferd die Möglichkeit zu geben, erst mal seinen Stallmut loszuwerden und sich auszuschütteln, bevor Sie mit der konzentrierten Arbeit beginnen.

Auch nach getaner Arbeit können Sie Ihr Pferd befreien, es sich bestenfalls wälzen lassen und zum Abschluss eventuell noch einige Dehnungsübungen mit Leckerlis machen. So bleiben Halle oder Platz in angenehmer Erinnerung und bekommen nicht das Prädikat „Ätzfläche".

Lernen Sie Ihr Pferd kennen und lernen Sie die Fremdsprache „Pferdisch" zu verstehen. Am aufschlussreichsten sind Beobachtungen des Pferdeverhaltens in der freien Gruppe im Auslauf oder auf der Weide. Hier können Sie Erkenntnisse über Pferdesprache, Charakterzüge und Verhaltensmuster gewinnen, frei von Ihrer eigenen vorgefassten Erwartung. Mittlerweile gibt es über Körpersprache und Mimik der Pferde einiges an Literatur: Belesen Sie sich zum Beispiel mit den Büchern von Daniela Bolze oder Peter Pfister, die zu diesem Thema anschauliche Bilder mit fundierten Erklärungen liefern.

Achten Sie bei der Arbeit mit Ihrem Pferd aber auch immer auf Ihre Körpersprache! Ihre Haltung und Ihre Bewegungen „sprechen" zu Ihrem Pferd. Wenn Sie sich ständig unkontrolliert bewegen, nimmt Ihr Pferd dies als andauerndes „Brabbeln" wahr. Anfänglich wird es sich bemühen, Sie zu verstehen, aber irgendwann gibt es auf und wird ignorieren, was Sie „sagen". Und das tut es auch dann, wenn Sie wirklich etwas sagen wollen, dem Ihr Pferd im Idealfall Folge leisten soll.

Eine gute Übung für Ihre Körperkontrolle ist die freie Arbeit im Roundpen oder in der Halle. Testen Sie aus, wie Ihr Pferd auf Ihre

Bewegungen reagiert. Diese Erkenntnisse werden Ihnen bei der künftigen Arbeit sicher hilfreich sein. Auch die verbale Kommunikation beeinflusst Ihre Arbeit. Ein „Bitte" und „Danke" versteht Ihr Pferd zwar nicht, aber es beeinflusst Ihre innere Einstellung viel mehr, als Sie vielleicht glauben. Respekt und Achtung beruhen auf Gegenseitigkeit. Linda Tellington-Jones geht sogar so weit, dass Sie Pferden bei Bedarf einen neuen Namen gibt. Ein stürmisches Pferd, das Taifun heißt, könnte dann zu Bernhard werden. Eine schüchterne Lotti könnte man in Cleo oder Alexa umtaufen oder einen verwöhnten und verzogenen Amor in einen Mohr.

Nicht nur Ihr Pferd sollte aufmerksam bei der Sache sein, sondern auch Sie müssen mit gutem Beispiel vorangehen. So können Sie es Ihrem Pferd zum Beispiel nicht übelnehmen, wenn es sich einem leckeren Büschel Gras zuwendet, während Sie ein Schwätzchen halten und es gar nicht mehr im Blick haben.

Gewöhnen Sie sich auch an, Ihr Pferd vorzuwarnen, bevor Sie eine neue Anweisung geben. Sprechen Sie es freundlich an und zupfen Sie sachte am Strick. Die Halbe Parade, die das Pferd aufmerken lässt, hat denselben Zweck beim Reiten. So spricht man auch das „Scheritt" und das „Terab", genau wie das „Halt" langgezogen aus, um dem Pferd die Möglichkeit zu geben, auf das Gehörte zu reagieren.

Abschließend bleibt zu sagen, dass Sie Ihr Pferd als das akzeptieren sollten, was es ist, nämlich ein Pferd und kein Wundertier wie zum Beispiel Black Beauty oder Fury. Schrauben Sie Ihre Erwartungen und Hoffnungen auf ein pferdisches Maß herunter! Unterlassen Sie am besten jegliche Vermenschlichung.

Wenn Sie jedoch merken, dass Sie und Ihr Pferd einfach nicht auf eine Wellenlänge zu bringen sind, oder Sie Ambitionen haben, die Ihr Pferd geistig oder körperlich nicht in der Lage ist zu erfüllen, und ein Kompromiss Ihnen nicht möglich ist, dann sollten Sie einen passenderen Menschen für Ihr Pferd suchen.

Lehren heißt erklären

Je gleichbleibender Sie Ihre Anweisungen in klarer Wortwahl und deutlichen Gesten geben, umso leichter fällt es Ihrem Pferd, wiederzuerkennen, zu verstehen und die gewünschte Reaktion zu zeigen. Aus diesem Grund benutze ich auch lieber ein „Halt" zum Anhalten als ein „Steh". Es lässt sich gedehnter aussprechen und unterscheidet sich deutlich von dem Kommando „Scheritt".

Der Lehrer muss sich unbedingt auf das Niveau seines Schülers begeben und ihn dort abholen, wo er gerade steht. Er muss sich dem Schüler verständlich machen. Unverständnis erzeugt Angst und Widerwillen und beides ist für eine effiziente Ausbildung von Nachteil. Ihr Pferd kann nur dann in Ruhe lernen, wenn es versteht, was Sie von ihm verlangen.

Die Bezeichnung „Hilfen" kommt von helfen und nicht von aufzwingen!

Nur der Mensch hat die Möglichkeit, sich dem Pferd so anzupassen, dass eine Verständigung realisierbar wird. Der Mensch muss also „pferdisch" agieren. Erst dann ist er in der Lage, das Pferd zu schulen, damit dieses lernt, die menschliche Sprache zu verstehen.

Lassen wir uns erst einmal auf die Pferdesprache ein: Die „pferdischen" Grundkommandos sind Treiben, Begrenzen und das Nachlassen des Drucks, sprich Ruhe. Zusätzlich versteht das Pferd den emotionalen Ausdruck unseres Körpers und unserer Stimme und dadurch das Lob und den Tadel. Und schon ist das Grundrezept der Verständigung geschrieben. Unsere gesamte Kommunikation basiert auf diesen fünf Maßnahmen, mit dem Wissen, dass das Pferd Druck immer ausweicht. Das Ganze strikt logisch angewendet und kombiniert, und das Pferd lernt schnell, was Sie von ihm möchten.

Nehmen wir das Beispiel des Anreitens eines jungen Pferdes, um zu verdeutlichen, was mit der „pferdischen" Erklärung gemeint ist: Voraussetzung ist, dass die ersten Schritte bereits gemacht sind, Sie auf das gelassene Pferd aufsitzen und absteigen können und es Sie geführt im Schritt trägt. Auch hier muss der Lehrer auf die verschiedenen Pferdetypen eingehen und die jeweiligen Charaktermerkmale in seine Arbeit einbauen können. So fallen zum Beispiel die Reaktionen auf verschiedene Elemente des Anreitens je nach Charakter unterschiedlich aus.

Die Reaktion eines ängstlicheren Pferdes auf den ersten beidseitigen sanften Schenkeldruck ist die Flucht nach vorn. Wird es für diese Reaktion gelobt, so sollte der Druck mit der Zeit seinen Schrecken verlieren und das Pferd beginnt die Hilfe zu verstehen.

Haben Sie aber ein gelassenes und vertrauensvolles Pferd, so reagiert es nicht auf so ein bisschen Drücken an seinen Seiten. Ich finde das toll und überhaupt nicht stur! Hier wurde das Pferd gut auf den Reiter vorbereitet! Es versteht einfach nicht, was Sie möchten, und wartet ab. Das sollte jedoch nie mit einem aggressiveren Schenkeleinsatz bestraft werden, denn Losgelassenheit (das heißt entspannte Aufmerksamkeit) ist die Grundlage jeder Reiterei! Es macht keinen Sinn, das Pferd erst zu erschrecken, um dann wieder mühsam Vertrauen und Losgelassenheit aufzubauen! Wie geht es in einem solchen Fall also pferdeverständlicher? Zuerst lernt das Pferd im Führtraining das Antreten auf Stimmkommando und auf Antippen mit der Gerte an der Hinterhand. Wenn Sie dann auf dem Pferd sitzen, sanft mit dem Schenkel drücken, gleichzeitig das gewohnte Stimmkommando fürs Antreten geben und dies bei Bedarf durch ein Antippen der Gerte an der Hinterhand unterstützen, wird das Pferd in der Regel antreten. Loben Sie selbst die Gewichtsverlagerung nach vorne, indem Sie dem Pferd eine kurze Ruhepause gewähren, damit das Lob auch wirklich verstanden wird. Dann versuchen Sie es noch einmal. Sollte die erwartete Reaktion doch nicht erfolgen, so steigen Sie einfach ab und frischen den vorangegangenen Ausbildungsschritt noch einmal auf. Fordern Sie ein-, zweimal am Boden das Antreten mittels Stimmkommando und Antippen mit der Gerte, steigen direkt wieder auf und geben die Hilfe von oben noch einmal. Sollte Ihr Pferd trotz allem nicht verstehen, was Sie von ihm möchten, lassen Sie sich von einer

„Meine Pferde-Lektion"

Meine Welsh-Tinkerstute Eireen weicht vor jedem Pferd, wenn es nur genügend energisch auftritt. Sind wir aber im Gelände unterwegs und haben einen unsicheren Kandidaten dabei, dann wirkt ihr souveränes Verhalten ungemein beruhigend. Ja selbst die Herdenchefin Nila richtet sich nach ihr, wenn es für sie fraglich ist, ob eine Situation als gefährlich oder ungefährlich einzustufen ist.

weiterer Person vom Boden aus unterstützen und arbeiten Sie Versäumnisse in der Bodenarbeit nach.

Behandeln Sie einen Lernschritt nach dem anderen und arbeiten Sie erst an einer neuen Aufgabe, wenn die vorangegangene verstanden wurde. Sonst schieben Sie und Ihr Pferd irgendwann einen Berg von unerledigten Aufgaben vor sich her. So darf, um bei dem Beispiel zu bleiben, erst dann das Gehen unter dem Reiter und das Anreiten geübt werden, wenn das Aufsteigen und das Obenauf-Sitzen und Bewegen vom Pferd gelassen akzeptiert wird. Ein guter Lehrer erkennt die Stärken und Schwächen seines Schülers und wird diese nutzen, um schnellstmöglich zu einem Lernerfolg zu

kommen. Und er wird immer mehr loben denn tadeln, um sich die Motivation des Schülers zu erhalten.

Wie viel Nachdruck müssen Sie Ihren Forderungen verleihen?

Früher ging man davon aus, dass eine Herde nach einer strengen Rangfolge geordnet sei. Der Leithengst oder die Leitstute hatten demnach gegenüber allen anderen Herdenmitgliedern den Vortritt zu Futter und Wasser. Dafür passten sie auf die Herde auf und führten sie vom Weidegrund zur Wasserstelle und zurück oder gaben im Ernstfall den Fluchtweg vor. Wer das Sagen hatte, dem folgten und vertrauten die Rangniederen.

Neuere Forschungen sprechen jedoch von Strukturen, die viel komplexer sind. Hier wird davon ausgegangen, dass Charakterzüge, Freundschaften und Talente der einzelnen Tiere das Zusammenleben der Herde und die Aufgabenverteilung viel stärker bestimmen als anfänglich angenommen. Unter anderem hat Marlitt Wendt hierzu einige Forschungsergebnisse veröffentlicht.

Ich persönlich betrachte die Beziehung zwischen Mensch und Pferd unter dem Aspekt der guten Umgangsformen, und für eine Verbesserung der Umgangsformen sind beide Seiten angehalten, an sich zu arbeiten. Es erscheint mir auch schwierig, als Mensch eine echte Rangfolge mit einem Pferd, ähnlich einer Herdenstruktur, herzustellen, da wir zum einen zu wenig Zeit

Neuere Forschungsergebnisse zeigen, dass in einem Herdenverband weniger eine dominante Rangfolge als vielmehr eine sinnvolle Aufgabenteilung vorherrscht.

gemeinsam verbringen und der Mensch zum anderen körperlich nicht in der Lage ist, sich mit dem Pferd zu messen. Nur durch die Gutmütigkeit der Pferde und unsere Intelligenz sind wir in der Lage, uns Vorteile zu verschaffen, die es möglich machen, uns gegen Pferde zu behaupten. Meine Beobachtungen haben mir gezeigt, dass nicht Dominanz und Durchsetzungsvermögen Gefolgschaft nach sich ziehen. Viel mehr zählt, dass der Führende sich in der Vergangenheit bewährt hat. Gehorsam und Gefolg-

schaft kann aber auch eine gute Angewohnheit sein. Wenn ein Pferd die Menschen also als vertrauenswürdig und bestimmend kennt, dann wird es deren Führungsrolle schon aus der Gewohnheit heraus anerkennen.

Aber auch ein gut erzogenes und folgsames Pferd ist kein Freibrief für inkonsequentes und unberechenbares Verhalten Ihrerseits, denn selbst ein kooperatives Pferd hinterfragt immer wieder Ihren Führungsanspruch. Erweisen Sie sich mit der Zeit als nicht souverän und unzuverlässig, wird es

Ihnen Ihre Weisungsbefugnis entziehen. Dann kann es passieren, dass ein ehemals braves Tier zu einem echten Sicherheitsrisiko mutiert. Geben Sie also vor, was gemacht werden soll, wenn Sie mit Pferden arbeiten, und im harmonischsten Fall wird Ihr Pferd es willig tun. Folgt es Ihrer Aufforderung nicht, können Sie entscheiden, ob Sie Ihre Forderung aufrechterhalten oder sie anders formulieren wollen. Wenn Ihr Pferd einen schlechten Tag hat, macht es Sinn, es nicht auf eine Eskalation ankommen zu lassen. Kommen Sie mithilfe einer anderen (leichteren) Übung zu einem positiven Abschluss und entlassen Sie Ihr Pferd damit in seine Freizeit. Ob Ihre Entscheidung richtig war, merken Sie an der Reaktion Ihres Pferdes, wenn Sie am nächsten Tag erneut dieselbe Forderung stellen. Häufig müssen Pferde nur mal eine Nacht darüber schlafen und arbeiten beim nächsten Mal viel besser mit.

Wenn Sie zu energisch auf Ihrer Forderung beharren, kann es passieren, dass Ihr Pferd die Aufgabe mit Stress verbindet und sich deshalb in Zukunft erst recht weigert mitzuarbeiten.

Dennoch gilt: „Wehret den Anfängen". Lange bevor Ihr Pferd Sie tatsächlich unachtsam am Anbindeplatz beiseiterempelt, hat es schon zuvor getestet, ob es sich das auch erlauben kann. Mit der Zeit hat es sich daran gewöhnt, mit Menschen rüpelig umzugehen, und es kostet wesentlich mehr Konsequenz und Durchhaltevermögen, um es wieder zu feineren Umgangsformen zu bewegen.

Wenn Ihre Sicherheit und Gesundheit auf dem Spiel stehen oder die Ihres Pferdes oder einer anderen Person, dann ist Schluss mit lustig! Also gilt immer: „So wenig Druck wie möglich, aber so viel wie nötig".

Souveränität und sicheres Auftreten sind die halbe Miete bei der Pferdeerziehung.

Bleiben Sie aber auch beim Tadel eines Fehlverhaltens immer ruhig und sachlich, emotionslos, aber bestimmt. Pferde leben im Hier und Jetzt. Kein Pferd nimmt sich vor, Sie zu ärgern. Reagieren Sie angemessen und unter Berücksichtigung der Widerstandsmotivation des Pferdes. Und beachten Sie: Je sanfter Sie sich bei Ihrem Pferd durchsetzen können, umso zahmer werden seine Reaktionen ausfallen. Es hängt also vom Pferd ab, wie Sie Mitarbeit am zweckmäßigsten einfordern. Mal muss man durchgreifen, und ein anderes Mal reicht es schon aus, einfach nur Sicherheit und Hartnäckigkeit auszustrahlen. Die Kunst ist es, zum richtigen Zeitpunkt den Druck nachzulassen, um ein Überdenken und Einlenken seitens des Pferdes zu ermöglichen. Gestatten Sie immer wieder kurze Denkpausen, auch wenn für Sie die Bereitschaft zum Nachgeben noch nicht erkennbar ist. Den Druck können Sie ja bei Bedarf erneut aufbauen, länger durchhalten oder erhöhen. Im Praxisteil habe ich ein paar Tricks beschrieben, die die Bereitschaft Ihres Pferdes zur Nachgiebigkeit erhöhen können.

Anstandsregeln
FÜR IHR PFERD

Auf die folgenden einfachen, aber effektiven Grundübungen können Sie auch bei fortgeschrittener Ausbildung immer wieder zurückgreifen. Sie machen Ihr Pferd aufnahmefähiger, wirken beruhigend und erleichtern die Ausbildungsarbeit. Je öfter Sie sie einüben, und je konsequenter Sie auf die korrekte und direkte Ausführung bestehen, umso sicherer werden die Übungen abrufbar – auch wenn die äußeren Umstände, aufgrund von Hindernissen, lauter Musik oder herumlaufenden Artgenossen, einmal ungünstig sind.

Bevor Sie loslegen, gibt es aber einige allgemeine Sicherheitsregeln zu beachten:

Tragen Sie unbedingt Handschuhe, denn ein Führstrick, der durch die ungeschützte Hand gezogen wird, kann üble Brandwunden verursachen. Auch beim direkten Griff ins Halfter schützen sie vor Verletzungen. Stecken Sie niemals die Finger in die Halfterringe oder legen sich eine Strickschlaufe um die Hand. Ist der Strick zu lang, fassen Sie von außen über die Schlaufe. Festes, knöchelhohes Schuhwerk, gegebenenfalls mit Zehenschutz, gewährleistet einen sicheren Stand und gute Beweglichkeit. Es schützt den Fuß und vor allem den Knöchel, der häufig Opfer von streifenden Hufen wird. Rüsten Sie sich immer besser aus als nötig, so sind Sie im Notfall gut vorbereitet und reagieren gelassener, wenn es schwierig zu werden droht.

Auch eine gemeinsame Pause von der Arbeit gehört zum guten Ton.

Kopf tief

SINN UND ZWECK:

„Kopf tief" ist eine beliebte Einstiegsübung. Probieren Sie ruhig beim ersten Kontakt mit einem unbekannten Pferd aus, wie es darauf reagiert. Je nachdem, wie es sich verhält, lassen sich Rückschlüsse auf seinen Charakter, seine Nachgiebigkeit, seine bevorzugten Verhaltensweisen und sein Lernverhalten ziehen. Das Absenken des Kopfes beeinflusst direkt den seelischen Zustand des Pferdes, ähnlich wie es bei uns Menschen die Atemtechniken bei der Angstbewältigung tun. Die hohe Kopf- beziehungsweise Halshaltung drückt geistige und körperliche Alarm- und Fluchtbereitschaft aus. Eine tiefe Kopfhaltung hingegen bedeutet seit Jahrmillionen Futteraufnahme in Momenten der Sicherheit. Daher hilft das Absenken des Kopfes, den Puls zu senken und den Geist wieder aufnahmefähig zu machen.

Die natürliche Reaktion eines Fluchttieres ist, dauernden Druck mit Gegendruck zu beantworten, sich freizukämpfen, um dann flüchten zu können. Beim „Kopf tief" erhält das Pferd eine der wichtigsten und widernatürlichsten Erkenntnisse, die ein gezähmtes Tier benötigt, nämlich dass es einen dauernden Druck selbst auflösen kann, indem es diesem nachgibt. Dies ist zum Beispiel eine unverzichtbare Erfahrung für das angebundene Pferd.

Um es vorwegzuschicken: Bei dieser Übung sind Leckerlis tabu, da sie das Lernergebnis verhindern. Das Pferd soll lernen, Ihrem Druck nachzugeben und nicht dem Leckerli zu folgen oder eine Lektion auszuführen.

SO WIRD'S GEMACHT:

Entweder wird durch die Hand oder das Genickstück des Halfters Druck nach unten auf das Genick des Pferdes ausgeübt. Daraufhin soll das Pferd den Kopf absenken und ihn bestenfalls dort lassen. Egal, ob der Druck von der Hand oder dem Halfter kommt, jedes Pferd sollte beide Vorgehensweisen kennen und können.

Soll Ihr Pferd dem Druck durch Ihre Hand weichen, stellen Sie sich neben den Kopf Ihres Pferdes, legen eine Hand hinter die Ohren und kneifen das Pferd sanft ins Genick, während die andere Hand ins Halfter fasst. Üben Sie so lange Druck auf das Genick aus, bis die gewünschte Reaktion gezeigt wird. Manchmal reicht ein Handauflegen aus, manchmal ist ein Kitzeln mit den Fingernägeln notwendig.

Soll Ihr Pferd dem Druck des Genickstücks weichen, stellen Sie sich auch auf Kopfhöhe neben Ihr Pferd und üben mit dem Strick einen Zugimpuls nach unten aus. Auch hier wird der Druck so lange aufrechterhalten, bis Ihr Pferd die gewünschte Reaktion zeigt.

Mit dem Aufbauen des Drucks beginnt der Denkprozess des Pferdes und es entscheidet sich für eine Reaktion. Gibt der Kopf nur einen Hauch nach unten nach, so öffnen Sie sofort die Finger oder lockern den Strick, streicheln das Genick und loben Ihr Pferd, ohne Leckerlis!

Beim „Kopf tief" sollte das Genick mindestens auf Widerristhöhe abgesenkt werden. Sobald das Pferd den Kopf noch tiefer trägt, begibt es sich in Ihre Verantwortung, in Ihren Schutz, da es mit so tief gesenktem Kopf selbst keinen Überblick mehr über die

Umgebung haben kann. Also sind Sie nun verantwortlich für seine Sicherheit. Vertrauensvolle Pferde senken ihren Kopf bis zum Boden und können so total entspannen, da sie sich aller Verantwortung entledigen. Pferden, die es gewohnt sind, für sich selbst zu sorgen, fällt dies ungleich schwerer. Lassen Sie ihnen einen Teil ihrer Selbstbestimmung und fordern Sie nur eine Kopftiefe, die sie „ertragen" können. Vielleicht wird es später, wenn Sie sich bewährt haben, den Kopf auf Ihre Forderung hin entspannt tiefer senken. Dann dürfen Sie sich voller Stolz

auf die eigene Schulter klopfen. Machen Sie aus dieser Übung keine Lektion, sonst verliert sie ihre hervorragende Wirkung. Sie sollte immer eine Hilfestellung bleiben, aber nie zum Zwangsmittel werden. Hält Ihr Pferd den Kopf nicht tief, sondern lässt ihn gleich wieder nach oben schnellen, so ignorieren Sie das vorerst. Führen Sie die Übung einfach gleich noch einmal durch, um zu kontrollieren, ob sie verstanden wurde. Hat Ihr Pferd das erste Mal nachgegeben, so wird es in der Regel schnell verstehen und auf leichten Zug oder Handdruck wie

Legen Sie die Hand hinter das Genick des Pferdes und üben Sie leichten Druck nach unten aus. Ihr Pferd wird schnell lernen, dem Druck zu weichen und den Kopf tief zu halten.

„Kopf tief" lässt sich auch durch den Druck des Halfters erlernen. Üben Sie hierzu über den Strick Zug nach unten aus.

gewünscht reagieren. Wiederholen Sie die Übung immer wieder im Alltag, beim Putzen, Führen oder beim einfachen Zusammensein. Je kontinuierlicher Sie üben, umso selbstverständlicher wird die Reaktion.

Das „Kopf tief" durch den Druck der Hand können Sie so variieren, dass Sie die Hand nach und nach immer mehr Richtung Widerrist auflegen, damit Sie später auch vom Sattel aus das Signal zum Absenken des Kopfes geben können. Damit hätten Sie dann eine wertvolle Hilfe bei der Dressurarbeit, auf dem Turnierplatz oder im Gelände.

WENN ES NICHT KLAPPT:

Ihr Pferd soll sich Ihnen vertrauensvoll „hingeben", also bleiben Sie freundlich und gelassen! Fordern Sie jedoch hartnäckig das Absenken des Kopfes. Achten Sie auf eine entspannte Arbeitsatmosphäre ohne ablenkende Störungen! Manchmal hilft die Anwesenheit anderer Pferde, manchmal stört sie. Finden Sie heraus, wie Ihr Pferd sich besser entspannen kann.

Weicht Ihr Pferd nicht nach unten, sondern zur Seite oder nach oben, dann versuchen Sie den Druck aufrechtzuerhalten. Folgen Sie dabei der Bewegung Ihres Pferdes. Perfekt ist es, wenn Ihr Pferd irgendwann dem anhaltenden Druck zuerst nachgibt. So nähert es sich am schnellsten der Erkenntnis, dass ein Nachgeben die Situation angenehmer macht. Gelassene Pferde können sich als äußerst „halsstarrig" erweisen. Sie erstarren regelrecht im Gegenhalten. Versuchen Sie in einem solchen Fall, die Halsmuskeln zu lockern. Sie können dazu entweder in die Mähne greifen und den Hals locker

schütteln, oder Sie veranlassen Ihr Pferd zum Kauen. Diese Maßnahme dient ebenfalls der Entspannung, aber dazu im nächsten Kapitel mehr.

Sie können den Hals auch im Stehen etwas zur Seite biegen, sodass Ihr Pferd nur noch die Muskeln einer Halsseite zum Festhalten zur Verfügung hat. Versuchen Sie, dabei den Druck aufrechtzuerhalten.

Wenn alles nicht hilft, lassen Sie kurz den Druck nach, lockern den Hals Ihres Pferdes und versuchen es gleich noch einmal. Ihr Pferd darf dabei keine wahrnehmbare Pause, also eine Belohnung bekommen, sonst schulen Sie nur ein längeres Durchhalten beim Gegenhalten.

Kau doch mal

SINN UND ZWECK:

Wenn wir die Zähne zusammenbeißen, dann wird nach und nach der ganze Körper steif. Erst der Kiefer, dann der Hals, die Schultern und so weiter. Unser Atem geht gepresst und im Bauch entsteht ein aggressives Gefühl der Abwehr. Den Pferden geht es dabei genauso wie uns Menschen. Hat ein Pferd Angst oder ist es unwillig, so beißt es die Zähne aufeinander und presst die Lippen zusammen. Erst wenn es sich entspannt oder nachgibt, lockert es wieder seinen Kiefer und beginnt das viel besprochene und geforderte Lecken und Kauen.

Ähnlich wie das „Kopf tief" signalisiert das Kauen dem Körper Futteraufnahme mit dem zusätzlichen Effekt, dass auch benachbarte Muskelgruppen gelockert

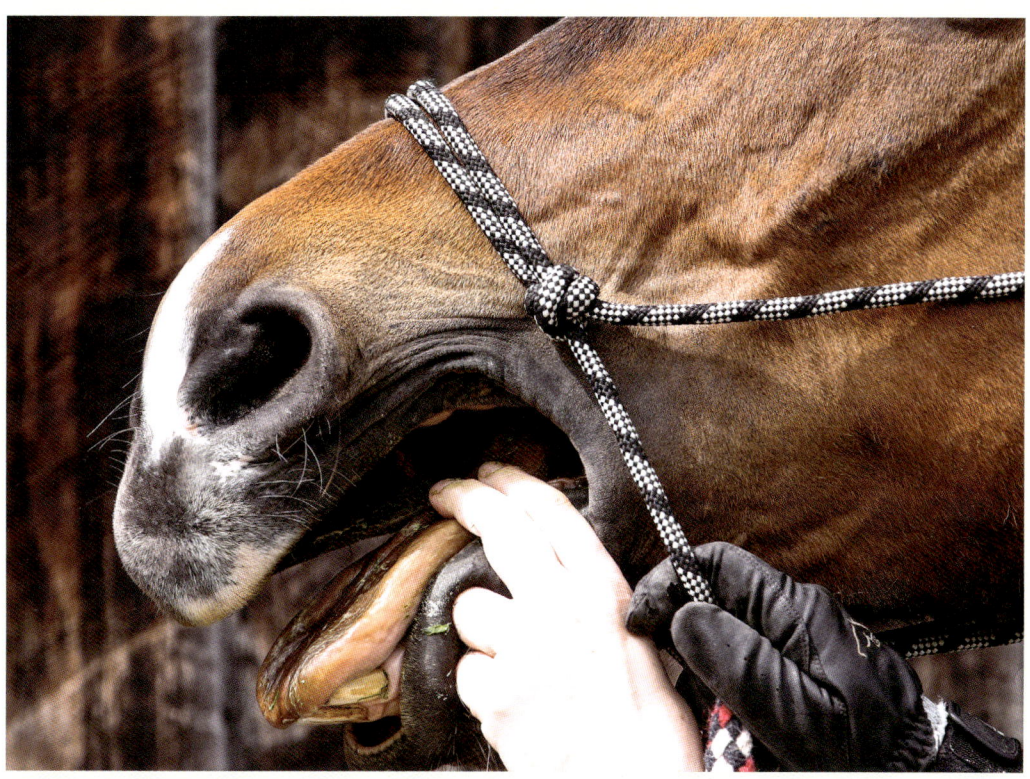

Passen Sie auf Ihre Finger auf, wenn Sie Ihr Pferd zum Kauen veranlassen.

werden, wenn der Kiefermuskel sich entspannt. Im Umkehrschluss bedeutet dies, dass Sie Ihr Pferd entspannen und zum Nachdenken anregen können, wenn Sie es zum Lecken und Kauen bewegen und damit den Kiefer lockern. Aus diesem Grund lehrt zum Beispiel Philippe Karl spezielle Kauübungen am Gebiss als Vorbereitung und Schlüssel für ein gelöstes Reitpferd. Linda Tellington-Jones erreicht im Prinzip dasselbe mit Ihrer Maularbeit beim TTouch.

SO WIRD'S GEMACHT:

Wenn Sie merken, dass Ihr Pferd die Lippen zusammenpresst, schieben Sie ihm den Finger auf Höhe der Lade ins Maul und kitzeln es auf der Zunge bis es leckt, genauso als wollten Sie ihm ein Gebiss ins Maul legen. Dort wo die Maulspalte endet, gibt es einen zahnlosen Abschnitt des Kiefers, der als Lade bezeichnet wird. Nur hier kommt ein Gebiss zum Liegen und nur hier lassen sich die Finger gefahrlos ins Maul des Pferdes schieben.

„Meine Pferde-Lektion"

Mein hartnäckigster Fall eines verkniffenen Pferdes war die Araberstute Shimounah. Sie konnte herrlich die Lippen zusammenkneifen und den Kiefer wie einen Schraubstock zusammenbeißen, wenn sie etwas nicht tun wollte. Bei der Bodenarbeit habe ich ihr oft die Finger ins Maul gesteckt, wenn sie halsstarrig wurde. Daher legte ich ihr auch beim Longieren ein Gebiss ins Maul, obwohl ich immer gebisslos mit Kappzaum arbeite. Solange sie das Gebiss loswerden wollte, half dies auch, doch nach 20 Minuten musste ich ein Heubändchen einknoten, um sie länger zum Kauen zu veranlassen. Auch beim Anreiten trug sie sehr bald ein Gebiss, obwohl sie noch am Halfter gelenkt wurde. Später stellte ich sie frühzeitig auf Gebiss um, sie konnte den Druck auf der Nase nicht leiden und ließ lockerer auf leichte Zügelsignale im Maul.

WENN ES NICHT KLAPPT:

In der Regel reagieren Pferde gut auf die oben beschriebene Vorgehensweise. Es kann Ihnen schon eher mal passieren, dass Ihr Pferd Ihre Finger in seinem Maul nicht duldet. Dann halten Sie seinen Kopf mit der einen Hand am Halfter unter Kontrolle und vor allem auf Abstand zu Ihrem Kopf. Die andere Hand legen Sie ans Maul, folgen der Kopfbewegung Ihres Pferdes und schieben Ihren Finger ins Pferdemaul. Wenn es schließlich stillhält und kaut, geben Sie es sofort wieder frei.

Genauso gehen Sie zum Beispiel auch beim Einführen der Wurmkurspritze vor. Sie verabreichen erst dann die Paste, wenn es die Spritze im Maul akzeptiert.

Sollte Ihr Pferd sich mit dieser Übung schwertun, schmieren Sie sich etwas Süßes, zum Beispiel Honig oder Rübensirup, auf die Finger. Manchmal verhilft auch ein Zuckerstück zum Lecken und Kauen – ein altbewährter Trick vom Turnierplatz.

Ist Ihr Pferd jedoch richtig verspannt, wird es nichts zu fressen nehmen. Kitzeln Sie in diesem Fall so lange die Zunge Ihres Pferdes, bis es reagiert. Erhöhen Sie den Druck oder benutzen sie einen rauen Handschuh als Hilfsmittel.

Gewöhne dich dran

SINN UND ZWECK:

Die Gerte ist ein unschätzbar wertvolles Hilfsmittel in der Ausbildung eines Pferdes. Sie verlängert den Arm des Menschen und kann dem Pferd klar die Richtung weisen. Sie kann ruhig in die Höhe gehalten oder geschwenkt werden, um eine Grenze aufzuzeigen oder kann die Aufmerksamkeit Ihres Pferdes auf ein Hindernis lenken. Sie kann eine Aufforderung zum Folgen sanft oder auch energischer unterstreichen. Sie ist punktgenau in Ort und Stärke einsetzbar. Ihr Einsatz lässt sich augenblicklich einstellen. Dies alles kann ein Strick niemals leisten. Um eine Gerte sinnvoll einsetzen zu können, muss Ihr Pferd jedoch daran gewöhnt sein und darf keine Angst davor haben.

SO WIRD'S GEMACHT:

Fassen Sie Ihr Pferd zu Anfang eher am kurzen Strick. Falls es nach der Gerte (oder Ihnen) treten sollte, können Sie so seinen Kopf zu sich ziehen und damit außer Reichweite der Hinterhand kommen. Sie stellen sich also zunächst auf Kopfhöhe neben Ihr Pferd und beginnen es mit der Gerte überall abzustreichen und zu berühren. An den Vorderbeinen oder dem Hals lassen sich die meisten Pferde problemlos abstreichen.

Bleibt Ihr Pferd beim Abstreichen ruhig und ohne Angst stehen, dann fordern Sie es durch ein sanftes Tippen oder Gerteschwenken dazu auf, vor der Gerte zu weichen. Sie stellen sich dazu neben den Kopf des Pferdes und beginnen damit, die Hinterhand weichen zu lassen.

Gewöhnen Sie Ihr Pferd langsam an die Gerte. Fangen Sie an einer Stelle an, die Ihrem Pferd nicht unangenehm ist.

Wenn Ihr Pferd nicht gleich reagiert, steigern Sie das Tippen so lange, bis die gewünschte Reaktion im Ansatz gezeigt wird, und lassen Sie dann sofort den Druck nach. Anfangs reicht schon das Verlagern des Gewichtes aus. Loben Sie jede noch so kleine, in die richtige Richtung führende Reaktion. Achten Sie darauf, dass Ihr Pferd nicht unkontrolliert vor der Gerte weicht. Sie müssen Beginn und Ende des Weichens steuern können. Am besten lassen Sie es schrittweise mit deutlichen Pausen dazwischen weichen.

WENN ES NICHT KLAPPT:

Flüchtet Ihr Pferd vor der Gerte, dann helfen hier vor allem Geduld, beruhigende Worte, eine seitliche Begrenzung und ruhige Bewegungen. Vermeiden Sie ein hektisches Anheben der Gerte. Bei ängstlichen Pferden bietet es sich an, zunächst mit einer sehr kurzen Gerte zu arbeiten. Sollte Ihr Pferd eine Gertenphobie haben, streicheln Sie es zuerst mit der Hand am Hals. Dann nehmen Sie den Gertenknauf in diese Hand und streicheln es weiter, bis es dies ruhig geschehen lässt. Suchen Sie die Stelle am Körper Ihres Pferdes aus, wo es am gelassensten auf Berührungen reagiert, und legen Sie dort die Gertenspitze an. Lassen Sie sie dort liegen, auch wenn Ihr Pferd wegläuft oder kickt. Sie sollten die Gerte erst dann dort wegnehmen, wenn das Tier trotz Berührung stehen bleibt. Sprechen Sie beruhigend mit ihm, vielleicht kann ein Leckerli die Situation angenehmer machen. Lassen Sie sich nicht von der Hektik des Pferdes anstecken.

Aus dem Weg

SINN UND ZWECK:

Bei Mensch und Pferd stellt sich immer wieder die Frage, wer bewegt hier wen? Und da das Pferd in der Regel an Kraft und Gewicht überlegen ist, sollte schon aus Sicherheitsgründen immer der Mensch derjenige sein, der das Pferd bewegt. Besonders beim sicheren Führen ist es wichtig, dass Ihr Pferd gelernt hat, Ihnen Platz zu machen. Im Ausspruch „Distanzlosigkeit bedeutet Respektlosigkeit" liegt nach meiner Erfahrung sehr viel Wahrheit. Aber auch die korrekte Umsetzung der Schenkelhilfen des Reiters stellt nichts weiter dar, als das erlernte Weichen des Pferdes vor dem Druck. In der Bodenarbeit kann man dieses Weichen ideal vorbereiten und erspart sich mühevolle Diskussionen im Sattel.

SO WIRD'S GEMACHT:

Darüber, wie man ein frei laufendes Pferd gezielt „bewegt", gibt es bereits eine Unmenge an Literatur. Pat Parelli, Peter Pfister und viele mehr haben sich ausführlich mit diesem Thema befasst. Also werde ich mich kurz fassen und nur einige Gedanken zu dem Thema sammeln und mit Ihnen teilen.

Die freie Arbeit im Roundpen oder in der Halle basiert auf der Anweisung „Geh aus dem Weg!". Je deutlicher Sie werden, umso schneller weicht Ihr Pferd. Verstellen Sie ihm den Weg, wird es wenden, ziehen Sie sich rechtzeitig zurück, wird es anhalten. Wenn Sie dieses Spiel mit Ihrem Pferd spielen, können Sie beide davon profitieren und die Kommunikation und Beziehung zueinander ver-

Allein mit der Körpersprache können Sie Ihr Pferd dazu bewegen, vor Ihnen zu weichen.

bessern. Bei der freien Arbeit begeben Sie sich auf die „pferdigste" Ebene, also seien Sie nicht überrascht, wenn Ihr Pferd versucht Sie wie ein Pferd zu behandeln. Lassen Sie deshalb eine gewisse Vorsicht walten!

Wenn Ihr Pferd Ihnen zum Beispiel bei den täglichen Arbeiten im Auslauf aus dem Weg gehen soll, dann fordern Sie es zunächst mit einem Stimmsignal dazu auf. Bei Bedarf können Sie das Signal lauter wiederholen und es durch ein Signal mit der Gerte unterstützen. Wenn Ihr Pferd Ihnen trotzdem nicht aus dem Weg geht, tippen Sie es mit der Gerte oder dem Peitschenschlag an. Haben Sie nichts zur Hand, dann nehmen Sie eine Handvoll Sand oder Steinchen und werfen diese nach ihm. Wichtig ist, dass Sie Ihrer Forderung auch auf Abstand Nachdruck verleihen können. Nur so lernt Ihr Pferd, Ihnen rechtzeitig auf Stimmkommando Platz zu machen.

Um ein Bodensignal für gezieltes Weichen mit in den Sattel nehmen zu können, muss dieses Signal aus einem Körperdruck durch die Hand oder die Gerte bestehen. Bei Bedarf

45

können Sie Ihre Schenkelhilfe im Sattel dann durch ein Gertensignal und/oder ein Stimmkommando unterstützen. Handzeichen oder das Propellern und Schlenkern von Stricken taugt nur für die Bodenarbeit. Dennoch empfehle ich immer die Nutzung einer Gerte statt eines Stricks, denn schnell hat Ihr Pferd einen unabsichtlich lose baumelnden Strick als Zeichen zum Ausweichen missverstanden.

Wenn Ihr Pferd also gezielt weichen soll, dann unterstützen Sie anfangs das Signal mit einem richtungsweisenden Zug oder Druck am Halfter. Verfahren Sie, wie schon im Kapitel „Gewöhne dich dran" beschrieben. Legen Sie erst Ihre Hand oder die Gerte an den Körper und geben Sie dann das Tipp-Signal zum Weichen, unterstützt durch die Stimme. Das Pferd soll auf das Signal warten und es nicht vorwegnehmen – genau wie bei der Schenkelhilfe.

Bedrängt Ihr Pferd Sie beim Führen, sodass Ihre Füße ständig in Gefahr sind oder sie nicht vernünftig laufen können, so halten Sie es sich vom Leib, indem Sie eine Gerte wie einen Scheibenwischer zwischen sich und dem Pferdehals schwenken. Linda Tellington-Jones nennt dies „Das Pfauenrad". Rempelt Ihr Pferd Sie des Öfteren mit seiner Schulter an, so ahnden Sie diese Unhöflichkeit mit einem Klaps durch eine kurze Springgerte, die sich bei der Arbeit auf kürzester Distanz besser einsetzen lässt als eine lange Dressurgerte. Wählen Sie immer die Gerte oder Peitsche mit der passenden Länge für Ihr Vorhaben. Ich habe meistens zwei bis drei Gerten und Peitschen unterschiedlicher Länge bei den Übungen dabei.

WENN ES NICHT KLAPPT:
Vermeiden Sie es, Ihr Pferd mit der Gerte oder der Hand beiseitezudrücken oder zu schieben, dadurch spürt es erst recht, wie viel schwächer Sie sind. Wenn es nicht weicht, geben Sie ihm einen kurzen Klaps mit der Hand oder einen Tadel mit der Gerte.

Vermeiden Sie es, Ihrem Pferd auszuweichen. Ganz besonders das Rückwärtsweichen Ihrerseits wird vom Pferd als Zeichen der Unterlegenheit interpretiert. Aber natürlich weichen Sie aus, wenn Ihnen die Hinterhand zu nahe kommt! Arbeiten Sie so, dass Sie erst gar nicht in diese Situation kommen. Sollte Ihr Pferd Ihnen partout nicht weichen und Sie sogar gezielt angreifen, müssen Sie zunächst wieder an Ihrer Körpersprache und -haltung arbeiten. Ziehen Sie dann lieber einen Trainer zurate, bevor etwas schiefgeht.

Komm zu mir

SINN UND ZWECK:
Es ist immer von Nutzen, wenn Sie Ihr Pferd abrufen können, besonders wenn Sie es von der Weide holen möchten. Nach meiner Erfahrung funktioniert ein Kommando wie zum Beispiel das „Hiiier" zuverlässiger als das Rufen des Namens. Das liegt wohl daran, dass der Name viel zu oft anderweitig benutzt wird. Ich habe schon oft die Erfahrung gemacht, dass selbst scheue oder unwillige Pferde, die sehr schlecht einzufangen waren, durch diese Übung davon kuriert wurden. Sehr schwierige Fälle blieben zumindest stehen und ließen sich einsammeln.

SO WIRD'S GEMACHT:

In der Zirzensik nennt man diese Lektion in Perfektion ausgeführt „Appell". Wenn es Ihnen jedoch nur darum geht, das Kommando zu etablieren, dann rufen Sie Ihr Pferd mit „Hier" und belohnen Sie es mit einem Leckerli, sobald es zu Ihnen kommt. Die meisten Pferde lassen sich gerne auf dieses Geschäft ein und folgen dem Ruf auch dann, wenn Sie nicht unbedingt Lust dazu haben. Wählen Sie anfangs einen Zeitpunkt, zu dem Ihr Pferd vielleicht ohnehin schon keine Lust mehr hat, auf der Weide zu stehen oder

die Kameraden schon in den Stall gebracht wurden. Wenn Sie möchten, dass es bis zu Ihnen kommt, dürfen Sie ihm nicht entgegengehen. Pferde merken nämlich sehr schnell, wie viel sie für ihr Leckerli tun müssen, und am Ende kommen sie Ihnen nicht einmal mehr entgegen, sondern warten ab, bis das Leckerli zu ihnen kommt.

WENN ES NICHT KLAPPT:

Bleiben Sie freundlich, denn sonst hat Ihr Pferd keinen Grund, zu Ihnen zu kommen. Das freiwillige Kommen lässt sich nicht

Haflinger-Oma Dolli kommt gerne, wenn Carina ruft. Manchmal wird sie mit einem Leckerli dafür belohnt.

47

erzwingen! Wenn Ihr Pferd etwas mehr Hilfestellung bedarf, nehmen Sie es an die Longe, rufen Sie es und zupfen Sie an der Longe, wenn es Ihrem Ruf nicht folgt. So können Sie Ihrem Pferd zumindest schon einmal den richtigen Weg zeigen.

Bei sensiblen Pferden müssen Sie darauf achten, sich nicht frontal vor ihnen aufzubauen. Beugen Sie sich eher etwas vor, machen Sie sich klein und laden Sie es mit einem Schritt seitwärts-rückwärts zu sich ein.

Warte mal ab

SINN UND ZWECK:

Wie schon gesagt, ist Flucht die natürliche Reaktion eines Pferdes auf alles, was es nicht kennt oder versteht. Auch wenn es sein Gleichgewicht verliert, versucht es im Vorwärts dieses wiederzuerlangen. Da die Flucht nach vorne mit einem Reiter im Sattel oder am Strick nicht immer die optimale Lösung ist, sollte Ihr Pferd lernen abzuwarten oder langsamer zu werden, wenn es nicht versteht, ihm etwas nicht geheuer ist oder wenn zum Beispiel der Untergrund rutschig wird. Wir verlangen damit etwas, das vollkommen entgegen seiner Natur ist. Also seien Sie verständnisvoll, aber konsequent.

SO WIRD'S GEMACHT:

Wenn Ihr Pferd ungeduldig oder unleidlich wird, weil es etwas nicht versteht, dann weisen Sie es freundlich, aber bestimmt zurecht. Handelt es nur annähernd so, wie Sie es wünschen, belohnen Sie es für die tolle Leistung. Manchmal muss dabei die Stimmung

Ihrer Äußerungen in Sekunden mehrfach umschlagen. Wenn Sie zum Beispiel ein neues Bodenhindernis mit Ihrem Pferd erarbeiten, verlangen Sie, dass es vorher anhält und sich die Aufgabe anschaut. Sie erkunden das Hindernis zusammen mit Ihrem Pferd und halten direkt danach wieder an, um Ihrem Pferd die Möglichkeit zu geben, über das gerade Gelernte nachzudenken. In der TTeam-Arbeit von Linda Tellington-Jones ist diese Vorgehensweise ein fester Bestandteil. Einfach genial und tausendfach bewährt! Durch das konsequente Beibehalten dieses

Warmblutstute Nila hat gelernt, sich unbekannte Gegenstände ...

Rituals, wird es für Ihr Pferd zur guten Gewohnheit, sich Neues und Unbekanntes erst einmal in Ruhe anzusehen und nicht kopflos davonzustürmen. Das lässt sich ebenso gut am Boden wie im Sattel trainieren. So können Sie Ihr Pferd zum Beispiel immer durchparieren, sobald es ins Rutschen gerät oder sein Gleichgewicht verliert. Viele Pferde haben auf rutschigem Untergrund oder bergab Schwierigkeiten, ihr Gleichgewicht zu halten, und geraten ins Laufen. Üben Sie kurz hintereinander das Anhalten aus ruhigem Tempo, gegebenenfalls über die gesamte Strecke. Und loben Sie es, wenn es von allein stehen bleibt, bevor es sein Gleichgewicht völlig verliert. Geben Sie sich niemals mit einem „Augen zu und durch" zufrieden und unterbinden Sie konsequent das Eilen!

WENN ES NICHT KLAPPT:
Sollte Ihr Pferd eilig und unsicher sein, so können Sie ihm mehr Sicherheit und Geborgenheit vermitteln, indem Sie es zusammen mit einer weiteren Person beidseitig führen. Hierdurch nehmen Sie es in die Mitte Ihrer Miniherde, also auf den sichersten Platz.

... erst einmal zusammen mit ihrem Menschen in Ruhe aus der Nähe anzuschauen ...

... und kennenzulernen, bevor sie weitergeht.

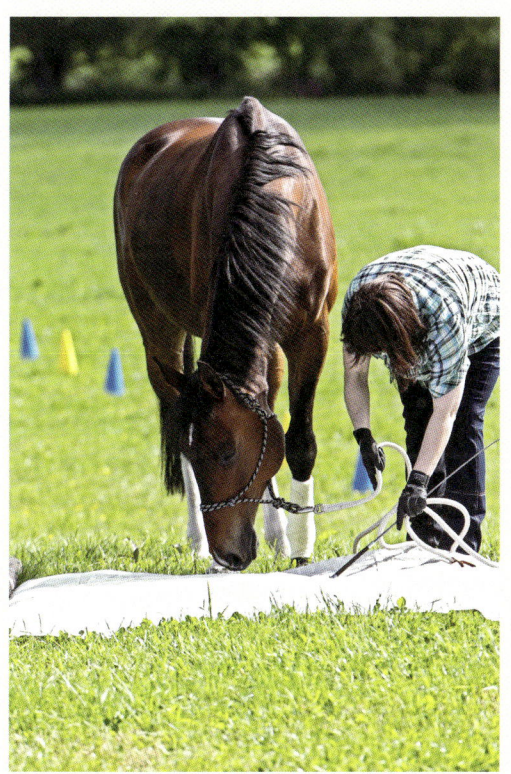

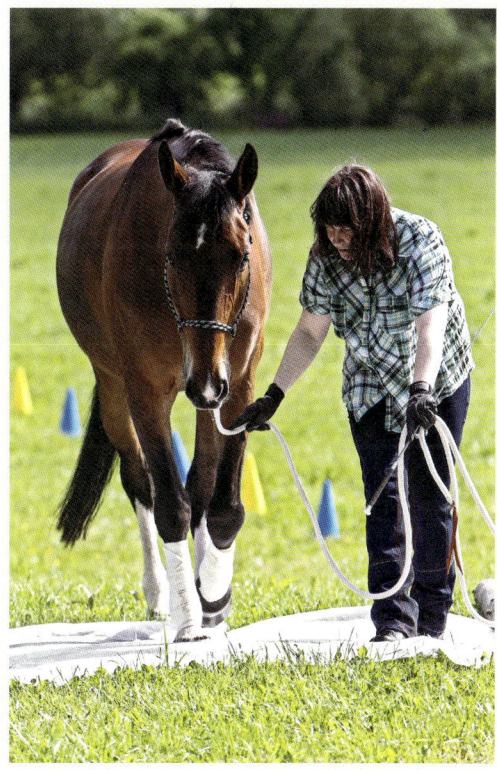

Rüpel-Oma Dolli möchte sich lieber dem leckeren Gras zuwenden, statt neben Anna zu gehen.
Hier gilt es, höfliches Benehmen einzufordern.

VOM RÜPEL
zum Gentleman

Hier befassen wir uns nun mit den kleineren und größeren Problemen des Pferde-Alltags.

Die Auswahl der behandelten Anstandsregeln traf ich aufgrund häufiger Probleme meiner zweibeinigen Schüler mit ihren Pferden. All diese Menschen lieben ihre Pferde, nehmen vieles für sie auf sich, und doch machten sie Fehler im Umgang mit ihnen, weil sie es einfach nicht besser wussten. Oft lassen sich Lösungsansätze schon durch einen geänderten Blickwinkel finden. Ein kleiner Hinweis, eine einfache Übung oder ein etwas verändertes Verhalten des Menschen hat häufig schon geholfen. Je sicherer Sie sein wollen, dass Ihren Anweisungen Folge geleistet wird, desto klarer müssen Sie sich verständlich machen und konsequent auf die korrekte Umsetzung Ihrer Anweisung bestehen.

Dennoch benötigt, oder verträgt nicht jedes Pferd das gleiche Maß an autoritärem Verhalten seines Menschen. Je nach Typ, werden Pferde bei der Gewährung von Freiheiten unsicher, eventuell sogar aggressiv, oder aber sie entspannen sich, blühen durch das in sie gesetzte Vertrauen auf, und denken bei der Arbeit mit.

Lesen Sie, probieren Sie aus und prüfen Sie, ob Ihnen und Ihrem Pferd mit meinen Tipps geholfen wird. Ihrer Kreativität bei der Entwicklung von eigenen Lösungsansätzen ist nur durch Ihr Pferd Grenzen gesetzt.

Eine Torschleuse ist mit zwei kleinen Kunststoffzaunpfählen und einer Litze schnell aufgebaut. Carina kann Eireen hier in aller Ruhe und ohne lästige Drängler von der Koppel holen.

Lass dich fangen

SINN UND ZWECK:

Nicht jedes Pferd kommt freudig zu seinem Besitzer gelaufen, wenn dieser ruft. Vielleicht hat Ihr Pferd an diesem einen Tag auch einfach keine Lust, mit Ihnen zu arbeiten. Was aber, wenn Sie, aus welchem Grund auch immer, an diesem Tag keine Rücksicht darauf nehmen können? Es ist also wichtig, dass Ihr Pferd zumindest stehen bleibt, wenn Sie zu ihm kommen.

SO WIRD'S GEMACHT:

Die wichtigste Regel lautet: Niemals aufgeben! Wenn Sie abbrechen, lernt Ihr Pferd, dass es beim nächsten Mal nur ein bisschen länger weglaufen muss. Wenn Sie also wissen, dass Sie eigentlich gar keine Zeit haben und Ihr Pferd sowieso absolut unwillig sein wird, weil es zum Beispiel gerade auf eine frische Koppel gekommen ist, dann lassen Sie Ihr Pferd am besten, wo es ist, und probieren es an einem anderen Tag. Wenn Sie aber ausreichend Zeit eingeplant haben und Ihr Pferd aus einer Herde herausholen wollen, in der Sie nicht alle Pferde kennen und einschätzen können, nehmen Sie zur Sicherheit eine Gerte mit. Unterbinden Sie immer und konsequent jegliche Streitigkeiten in Ihrer unmittelbaren Nähe, denn sobald Sie Ihr Pferd am Strick haben, sind Sie für dessen Sicherheit verantwortlich. Darauf muss es sich verlassen können!

Verstecken Sie Halfter und Strick nicht, aber halten Sie beides vorsortiert in der Hand bereit. Das Verstecken des Halfters hat mehr Nach- als Vorteile. Zum einen weiß Ihr Pferd ja, warum Sie zu ihm kommen und zum anderen kann Ihr Pferd sich durch das schnelle Hervorholen des Halfters erschrecken. Sprechen Sie es also freundlich an und treten Sie immer von seitlich vorne mit ruhigen Bewegungen heran. Versuchen Sie nicht, Ihr Pferd mit einem Überfallmanöver zu schnappen, aber trödeln Sie auch nicht herum. Legen Sie ihm zuerst den Strick um den Hals, sodass Sie dann in aller Ruhe das Halfter über den Kopf ziehen können. Dann darf eine Belohnung natürlich auch nicht fehlen.

„Meine Pferde-Lektion"

Ein kluger Mensch hat mal geschrieben, er würde nie mit einem Pferd arbeiten, das nicht freiwillig zu ihm kommt. Ich kann dem nur zustimmen, denn wenn Ihr Pferd aus freiem Willen kommt dann ist es auch bereit, mit Ihnen zusammenzuarbeiten.

Wann immer ich die Möglichkeit habe, lasse ich mein Pferd vor der eigentlichen Übungseinheit erst mal frei in der Halle oder auf dem Platz laufen, gegebenenfalls schon gesattelt, aber ohne Kopfstück. So kann es sich alles in Ruhe anschauen und ich kann die nötigen Vorbereitungen für die folgenden Übungen treffen. Wenn ich dann anfangen möchte, das

Pferd aber noch vor mir wegläuft, „tigere" ich in aller Ruhe hinter ihm her. Ich gehe jedoch so zügig, dass es dabei einen fleißigen Schritt gehen muss, und das vorzugsweise auf der Hand, die ihm nicht so zusagt. Dabei können wir uns beide schon mal warm laufen und verschwenden so keine Zeit. Ab und an frage ich nach, ob wir denn nun anfangen können. Meistens bleibt es nach einer Weile von selbst stehen und lässt sich halftern oder trensen. Dauert es mir dann doch zu lange, schneide ich ihm den Weg ab und fange es ein. Auf diese Weise kann ich beurteilen, wie es um die Arbeitsmoral des Pferdes steht und wie diese sich im Verlauf der Ausbildung entwickelt.

Am besten haben Sie sich im Vorfeld eine Torschleuse eingerichtet, groß genug, damit Sie und Ihr Pferd bequem hineinpassen, sich umdrehen können und die umstehenden Tiere nicht an Sie beide heranreichen. Damit verhindern Sie, unfreiwillig mehrere Pferde herauszulassen, und das Verlassen der Koppel läuft sicherer und ruhiger ab.

WENN ES NICHT KLAPPT:

Schulen Sie zunächst das „Hier!". Damit können Sie dann schon auf ein Hilfsmittel zurückgreifen. Machen Sie ein Geschäft mit Ihrem Pferd: Jedes Mal, wenn Sie es am Strick festgemacht haben, stecken Sie ihm ein Leckerli zu. Danach sollten Sie es auch mal wieder laufen lassen, damit es mit Ihrem Ankommen nicht nur Arbeit verbindet. Besuchen Sie Ihr Pferd ruhig mal öfter auf der Koppel – ein Kontrollgang einmal ums Pferd zur Feststellung etwaiger Verletzungen hat noch nie geschadet.

Wenn Ihr Pferd trotzdem noch wegläuft, so halten Sie es in Bewegung, aber scheuchen Sie es nicht. Seien Sie lästig, so lästig, dass es nicht mehr zum Grasen kommt. Damit wird die Weide für Ihr Pferd zumindest etwas ungemütlicher. Richten Sie sich zudem eine Fangschleuse ein. Sie darf nicht zu klein sein, damit auch mehrere Pferde hineinpassen und sich auslaufen können. Der offen stehende Zugang sollte am Zaun liegen, damit Sie Ihr Pferd am Zaun entlang in die Fangschleuse hineintreiben können. Machen Sie die Schleuse interessant, indem Sie Ihrem Pferd dort das Kraftfutter verabreichen. Wenn das alles nicht hilft, lassen Sie Ihr Pferd doch einfach mal links liegen,

kraulen und streicheln Sie andere Pferde. In manchen Fällen siegt die Neugier und Ihr Pferd kommt näher, um zu sehen, ob es etwas Interessantes gibt. Oder führen Sie den Kumpel Ihres Pferdes zum Ausgang. Nicht selten folgt der flüchtige Kandidat, um ja nichts zu verpassen.

Vorwärts und Rückwärts

SINN UND ZWECK:

Bereits wenn Sie mit Ihrem Pferd die Box oder die Weide verlassen möchten, ist es wichtig, dass es auf Ihre treibenden und bremsenden Impulse reagiert. Schließlich sollen Sie derjenige sein, der das Pferd führt, und nicht andersherum.

SO WIRD'S GEMACHT:

Wichtig ist, dass Sie mit locker hängender Schulter und angewinkeltem Arm den Strick am Halfter und mit der äußeren Hand am Strickende fassen. Nur mit einer lockeren und für Sie bequemen Körperhaltung können Sie den Eindruck erwecken, dass alles in Ordnung ist. Die Gerte nehmen Sie, falls nötig, außen zum Strickende dazu. Wie lang oder kurz Sie den Strick am Halfter fassen, ist von der Situation abhängig. Sie fassen ihn zum Beispiel ganz kurz, wenn das Pferd ständig versucht, nach Ihnen zu schnappen. Sie geben ihm mehr Raum, wenn es sich gut beträgt oder einen Gegenstand betrachten soll. Zum Losgehen hält das Pferd sich so neben Ihnen, dass Sie im Bereich des Halses stehen. Machen Sie Ihr Pferd mit einem sanften Zupfen am Strick aufmerksam, geben Sie das Stimmkommando und tun Sie so, als wollten Sie losgehen oder antraben. Verschläft Ihr Pferd seinen Einsatz, so zupfen Sie deutlicher in die gewünschte Richtung, wiederholen das Kommando und verdeutlichen Ihre Aufforderung mit der treibenden Gerte. Nun gibt es verschiedene Führpositionen im Schritt: Gehen Sie auf Höhe des Genicks, dann können Sie gut lenken und bremsen, gehen Sie auf Höhe des Halses kurz vor der Schulter, dann haben Sie die Möglichkeit mit der Gerte zu treiben. Sie wählen Ihre Position also je nachdem aus, ob Sie bremsen oder treiben möchten. Achten Sie aber auf jeden Fall darauf, dass Ihr Pferd Sie nicht überholt, denn sobald Sie auf Höhe der Schulter oder weiter zurückfallen, können Sie nur noch wenig Einfluss nehmen.

Wollen Sie wieder durchparieren, so machen Sie Ihr Pferd mit einem Zupfen am Strick aufmerksam, geben Sie ein langgezogenes Stimmkommando, wie zum Beispiel „Halt" oder „Scheritt", verzögern Sie Ihren Schritt und heben die äußere Hand mit dem etwas herausgezogenen Gertenknauf als Begrenzung mit etwas Abstand seitlich vor den Kopf Ihres Pferdes. Dabei drehen Sie ihm automatisch die äußere Schulter zu. Später wird allein das Zuwenden mit der äußeren Schulter und das Heben der Hand zum Durchparieren ausreichen.

Sollte Ihr Pferd weiterlaufen, so gehen Sie auf Kopfhöhe mit und verstärken die Hilfe zum Durchparieren ruhig und konsequent. Sie zupfen deutlicher am Strick, schwenken die Gerte vor seinem Gesicht auf und ab, und sollte dies immer noch nicht helfen,

dann darf aus dem Zupfen auch ein kurzer Ruck werden. Bleiben Sie dabei auf der Höhe des Pferdekopfes und achten Sie darauf, dass der Pferdehals beim Durchparieren gerade bleibt, selbst wenn Sie dabei die gerade Spur verlassen müssen. Sie dürfen erst langsamer werden oder stehen bleiben, wenn auch Ihr Pferd langsamer wird oder steht. Ansonsten zieht es an Ihnen vorbei und Sie geben Ihre gute Bremsposition am Kopf auf. Gleichzeitig wird der Hals krumm, die Hinterhand schwenkt herum und das Pferd beginnt um Sie zu kreisen.

Die folgende Übung des Rückwärtsrichtens ist im Prinzip eine Steigerung des Anhaltens. Sie stellen sich seitlich frontal vor Ihr Pferd, gehen vorwärts, also auf es zu, geben das Stimmkommando und tippen es mit dem Gertenknauf an der Brust an. Wenn Ihr Pferd ein anderes Kommando gewohnt ist, dann benutzen Sie dieses. Gerade beim Kommando für das Rückwärtsrichten scheinen Pferde etwas unflexibel zu sein. Vielleicht liegt es daran, dass sie in der Regel nicht gerne zurückgehen. Ziel sollte es sein, dass Ihr Pferd mit abgesenktem Kopf und aufgewölbtem Rücken sicher und flüssig rückwärtsgeht. Auf längeren Strecken oder rückwärts bergauf hat diese Übung, mit tiefem Kopf ausgeführt, einen sehr hohen gymnastizierenden Effekt für den Pferderücken. Missbrauchen Sie das Rückwärtsrichten jedoch nicht als ständige Strafmaßnahme! Zum einen ist es für Ihr Pferd nicht gesund mit hochgerissenem Kopf und weggedrücktem Rücken unkontrolliert rückwärtszurennen, zum anderen verliert es mit der Zeit die Wirkung.

Nila rückwärtszurichten ist kein Problem, da sie mich respektiert. Aber sie drückt dabei den Rücken nach unten weg und ist gestresst.

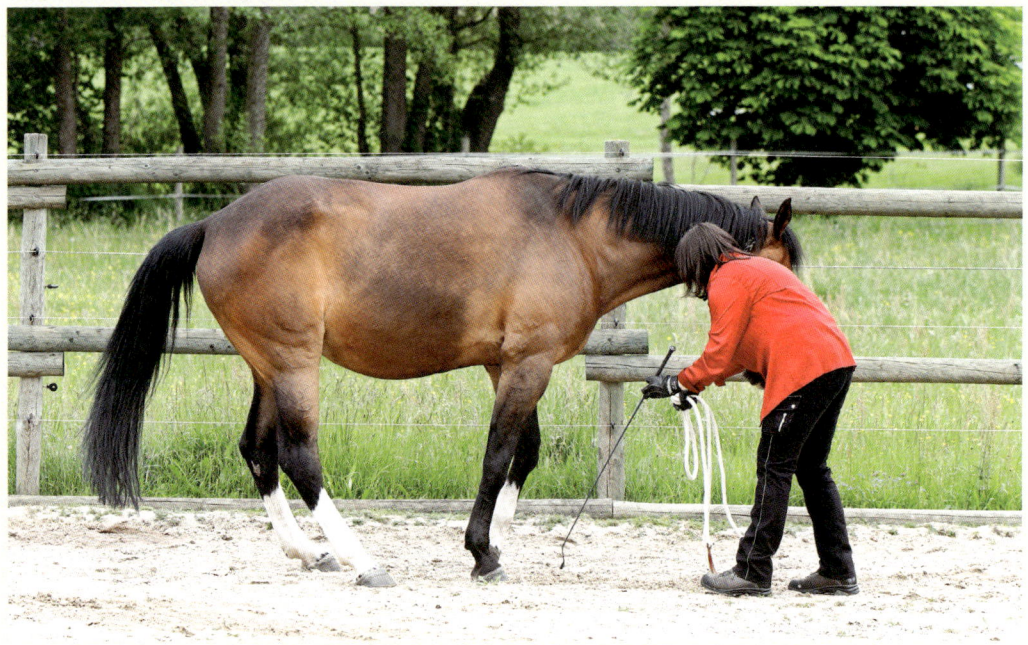

Da es ihr schwerfällt mit tiefer Halshaltung rückwärtszugehen, helfe ich ihr, indem ich gegen das jeweils zu bewegende Vorderbein tippe. Es ist sehr gut zu erkennen, wie sie ihren Rücken aufwölbt.

WENN ES NICHT KLAPPT:

Weicht Ihr Pferd vor der Gerte seitlich aus, anstatt anzutreten, dann arbeiten Sie entlang einer seitlichen Begrenzung, zum Beispiel der Bande in der Halle oder dem Zaun Ihres Reitplatzes.

Wird Ihr Pferd zu schnell für Sie, dann achten Sie darauf, Ihre bremsende Führposition nicht zu verlieren und Ihr Pferd frühzeitig wieder abzubremsen. Lassen Sie es zunächst nur kurz antreten, bevor Sie wieder durchparieren. So kann Ihr Pferd erst gar keine „Fahrt aufnehmen".

Sollte Ihr Pferd nicht durchparieren wollen, so können Sie eine Stange als optische Begrenzung auf den Boden legen. Das Benutzen einer Führkette verstärkt das Bremskommando wirkungsvoll. Auch kann man mit den Kettengliedern „klingeln", um Aufmerksamkeit zu erregen. Sie müssen aber darauf achten, dass die Kette im Normalzustand immer locker auf dem Nasenrücken liegt. Beim Antreten dürfen Sie sie nicht anziehen, da Sie sonst Ihrem Pferd ein widersprüchliches Signal geben. Da die Kette seitlich aus dem Halfter herausgeführt wird, muss sie bei einem Führseitenwechsel immer umgeschnallt werden. Ich möchte aber davor warnen, eine Führkette als unnötig harte Strafmaßnahme zu nutzen, sie sollte nur sehr verantwortungsvoll eingesetzt werden.

Bei Problemen beim Rückwärtsrichten bieten sich andere Lösungen an: Wenn Ihr Pferd nur sehr zögerlich rückwärtsgeht, ist es möglicherweise einfach nur ungeübt oder unkoordiniert beim Setzen der Beine. Tippen Sie in dem Fall das Vorderbein an,

das gerade an der Reihe ist, um Hilfestellung zu leisten. Zudem kann das Körperband auch hier wahre Wunder vollbringen, wenn Ihr Pferd ein schlechtes Körpergefühl hat. Die Bandagen umrahmen das Pferd und machen ihm bewusst, wo es anfängt und wo es endet. Dadurch bekommt es scheinbar auch eine genauere Wahrnehmung von den umgebenden Räumlichkeiten und kann Entfernungen hinter sich besser einschätzen.

Steh still

SINN UND ZWECK:

Ein Pferd, das nicht still stehen kann, ist nicht nur lästig, sondern kann auch zur Gefahr für sich und seine Umgebung werden. Es lernt bei dieser Übung auch, sich selbst zu beherrschen und besser zur Ruhe zu kommen.

SO WIRD'S GEMACHT:

Anfangs können Sie sich und Ihrem Pferd die Aufgabe erleichtern, indem Sie nach getaner Arbeit an einem ruhigen Ort üben, wenn Ihr Pferd entspannt und ausgepowert ist. Stellen Sie eine Verknüpfung zu einem stimmlichen Kommando her. Ich habe mir angewöhnt mit „Halt" anzuhalten und mit „Steh" das Stillstehen zu fordern.

Achten Sie darauf, dass Ihr Pferd sich auf Sie konzentriert und nicht auf die Umgebung. Halten Sie Ihr Pferd neben einer seitlichen Begrenzung an und rahmen Sie es zusätzlich mit Ihrem Körper auf Nasenhöhe und der abgesenkten Gerte ein; so steht es regelrecht in einer Parkbucht. Geben Sie ein Beispiel für lockeres Stillstehen und versuchen Sie, Ihre Ruhe auf Ihr Pferd zu übertragen. Ist es nervös, so streichen Sie es mit der Gerte von oben nach unten an den Beinen ab und „erden" es. Halten Sie nicht zu lange an, wenn es Ihrem Pferd noch schwerfällt, sondern lassen Sie es antreten, möglichst bevor es wieder anfängt zu zappeln. Leckerlis sind hier ein zweischneidiges Schwert, denn sie machen viele Pferde ungeduldig.

WENN ES NICHT KLAPPT:
Bewahren Sie auf jeden Fall die Ruhe. Ihre Aufregung überträgt sich nämlich schnell auf Ihr Pferd. Sollte Ihr Pferd wegdrängen, gehen Sie auf Kopfhöhe mit und verstärken die Hilfe zum Anhalten ruhig und konsequent. Schaffen Sie eine optische Begrenzung, indem Sie in einer Ecke anhalten oder sich Stangen auf den Boden legen. Das Körperband kann auch in diesem Fall helfen. Viele Pferde haben kein gutes Körpergefühl und sind regelrecht auseinandergefallen. Die Bandagen umschließen das Tier sanft und machen ihm seine äußere Kontur bewusst und „halten diese zusammen".

Führen und folgen — egal wohin

SINN UND ZWECK:
Das höfliche Pferd geht mit seinem Menschen in jeder Position, ob rechts, links, hinter, neben und vor ihm, dicht oder auf Abstand, überallhin. Es geht an allem All-

Auch mit zunehmendem Schulungsfortschritt muss das Kommando zum Stillstehen immer wieder geübt werden.

täglichen, wie Futtereimern oder Pferdekameraden, ohne großes Aufheben vorbei. Es bleibt auf Anweisung stehen und geht wieder los. Es rempelt seinen Menschen nicht an oder reißt sich los, auch dann nicht, wenn es sich gruselt. Es wahrt und wechselt die Führposition, so wie es sein Mensch von ihm fordert.

Dadurch wird Führtraining zur vollwertigen Beziehungsarbeit. Ein Pferd, das leicht und sicher zu führen ist, ist in der Regel auch in anderen Bereichen ein höfliches Pferd.

Die Führseite jederzeit wechseln zu können ist zum Beispiel sinnvoll, wenn Sie einen lauten Traktor passieren müssen. Um zu verhindern, dass Ihr Pferd in Sie hineinspringt wenn es sich erschreckt, gehen Sie zwischen dem Hindernis und Ihrem Pferd, auch wenn dafür die Führposition gewechselt werden muss. Die wichtigste Regel beim Positionswechsel lautet: Nicht Sie wechseln die Position, sondern Ihr Pferd.

SO WIRD'S GEMACHT:

Es ist besonders wichtig, dass Sie Ihr Pferd führen und nicht umgekehrt. Grundvoraussetzung dafür ist, dass Sie wissen wohin Sie wollen, und in welchem Tempo. Lassen Sie sich nicht vom Weg abdrängen, legen Sie sich zur Hilfe Wegmarkierungen mit Stangen oder Hütchen. Führen Sie abwechslungsreich, also mal von rechts, mal von links, mal schneller, mal langsamer, über ordentliche Stangenreihen oder wilde Stangenhaufen, gehen Sie mit Ihrem Pferd im Slalom durch eine Hütchenreihe oder lassen Sie es die Schlangenlinie alleine laufen, während Sie geradeaus nebenhergehen, wechseln Sie zwischen Geraden und Volten. Achten Sie darauf, dass Ihr Pferd in Ihrem Tempo neben Ihnen geht, es darf weder das Tempo bestimmen noch verpassen, mit Ihnen loszulaufen. Nutzen Sie Ihre Stimme, das Zupfen am Strick als Halbe Parade und Ihren Körper, um Ihrem Pferd zu sagen, wohin und wie schnell Sie gehen möchten.

Ein Pferd zu führen ist wie ein Paartanz - ein ständiger Dialog. Der Führende muss seinem Partner wortlos mitteilen, wo er hin will. Er muss spüren, wenn der Partner nicht nachkommt und sofort darauf reagieren, bestenfalls nach außen hin unmerklich. Wenn Sie auf Höhe des Pferdekopfes gehen, können Sie das Pferd am besten steuern und haben es gut im Blick. Dies ist eine sehr „starke" begleitende Führposition. Wenn Ihr Pferd sich einen Gegenstand ansehen soll, sich aber noch zu sehr gruselt, können Sie ein gutes Beispiel geben, den Gegenstand berühren und ihm zeigen, dass nichts passiert. In dieser Position können Sie ebensogut treiben wie bremsen.

Wenn es schwierig wird, benutzen Sie beim Führen immer beide Hände. Die führende Hand fasst den Strick (oder Zügel) unter dem Kinn, das Ende des Stricks liegt in Ihrer äußeren Hand. Sollte das Pferd sich doch mal von der Führhand losreißen, haben Sie den Strick immer noch in der anderen Hand und können dem Pferd bei Bedarf mehr Raum geben. Die Zügel nehmen Sie natürlich immer vom Hals, wenn Sie Ihr Pferd führen. Führen Sie vorrausschauend, damit Sie Gefahren rechtzeitig erkennen und sich und Ihr Pferd darauf vorbereiten können. So können Sie zum Beispiel frühzeitig die Führseite wechseln, sodass Sie zwischen Pferd und Gefahr gehen. Wenn Sie noch unsicher sind, kann ein Umweg, der mehr Ruhe verspricht, erst mal die bessere Lösung sein.

Spätestens wenn Sie Ihr Pferd durch den schlammigen Koppelausgang führen wollen, ist es sehr schuhwerkschonend, wenn Ihr Pferd auch auf Abstand führig bleibt. Auf Abstand führen Sie so, als würden Sie mit einer sehr kurzen Longe longieren. Der lange Führstrick ersetzt die Longe und die

Alle Führpositionen und deren flüssige Wechsel müssen geschult werden, damit Sie in Ernstfällen, wie hier mit einem nahenden Traktor, handlungsfähig bleiben.

Haflingerwallach Ben hat gelernt, auf Abstand hinter mir zu gehen, ohne sich ziehen zu lassen oder mich anzurempeln.

Dressurgerte die Peitsche. Anfangs erleichtert eine äußere Begrenzung die Arbeit. Müssen Sie durch einen Engpass, so ist es auch von Vorteil, wenn Sie Ihr Pferd hinter sich schicken können. Nutzen Sie eine Longe, um Ihr Pferd darin zu schulen, hinter Ihnen zu gehen. So können Sie ihm mehr Leine geben oder das zusammengelegte Ende der Longe wie einen ärgerlich schlagenden Schweif benutzen, um Ihr Pferd auf Abstand zu halten. Sie schlagen dabei nicht *nach* Ihrem Pferd, sondern nur *gegen* Ihr Pferd, weil es im übertragenen Sinne in den Bereich Ihres schlagenden Schweifes hineingelaufen ist. Sollte Ihr Pferd in Sie hineinlaufen, so müssen Sie sich wieder Respekt verschaffen, zum Beispiel indem Sie es mit der Gerte an der Brust touchieren oder mit Ihrem „Longenschweif" schlagen. Will Ihr Pferd seitlich an Ihnen vorbeirennen, so versperren Sie mit der Gerte den Weg.

Versuchen Sie, nicht ständig nach hinten zu schauen, denn dadurch irritieren Sie Ihr Pferd. Lernen Sie, die Situation hinter sich über Ihr Gehör einzuschätzen. Wenn Sie öfter so führen, werden Sie nach einiger Zeit ein Gefühl für das Pferd hinter Ihnen bekommen.

WENN ES NICHT KLAPPT:
Wenn Ihr Pferd neben Ihnen geht und Ihnen zu dicht auf die Pelle rückt, dann können Sie es mit der Gerte, die Sie zwischen sich und ihm wie einen Scheibenwischer schwenken, auf Abstand halten, wie schon im Kapitel „Aus dem Weg" beschrieben. Ist Ihr Pferd eher phlegmatisch, können Sie auch Ihren Ellbogen kurz zum Einsatz bringen, um sich wieder Raum und Respekt zu verschaffen.

Vermeiden Sie es jedoch, ihn als ständigen Abstandhalter zu benutzen.

Sollte das Führen auf Abstand nicht gleich klappen, können Sie eine vorbereitende Übung einbauen: Bilden Sie mit Pferd, Strick und Gerte ein Dreieck. Will Ihr Pferd den größeren Abstand zu Ihnen nicht einhalten, dann können Sie mit einer Dressurgerte gegen den Widerrist, seine Mitte oder die Kruppe tippen. Drücken Sie nie mit der Gerte, sondern tippen Sie, bei Bedarf auch etwas deutlicher. Geht Ihr Pferd in der gewünschten Geschwindigkeit, so halten Sie sich auf Höhe der Mittelhand, die Gertenspitze zeigt auf die Hinterhufe. Ist es zu schnell, halten Sie sich eher auf Kopfhöhe und schwenken die Gerte unter dem Strick hindurch vor der Pferdenase. Ist es schon an Ihnen vorbeigezogen, so können Sie auf eine Volte abwenden und dabei wieder Ihre Führposition korrigieren. Wird es zu langsam, so ermuntern Sie es mit der Stimme, heben warnend die Gerte an und tippen bei Bedarf von oben auf die Kruppe. So können Sie Ihr Pferd auch gezielt auf das eigentliche Longieren vorbereiten.

Angebunden

SINN UND ZWECK:
In unserer Menschenwelt sollte sich jedes Pferd anbinden lassen, da uns das den täglichen Umgang mit dem Pferd ungemein erleichtert. Nun widerspricht aber das Ausschalten der Fluchtmöglichkeit der Überlebensstrategie eines Fluchttieres. Daher ist es nicht verwunderlich, dass es so schwer

werden kann, ein Pferd wieder daran zu gewöhnen, wenn es erst einmal das Vertrauen am Anbindeplatz verloren hat oder nie Vertrauen dazu hatte.

SO WIRD'S GEMACHT:

Die wichtigste Grundvoraussetzung ist ein Anbindeplatz, in dessen Bereich Ordnung herrscht und nichts herumsteht oder -liegt, in das Ihr Pferd hineintreten kann.

Der Befestigungspunkt muss stabiler als Strick und Halfter sein. Es ist besser, Ihr Pferd steht plötzlich frei da, als dass etwas

Stellen Sie sicher, dass der Anbindeplatz frei von gefährlichen Gegenständen ist. Dann kann Ihr Pferd mit einiger Übung ebenso entspannt angebunden werden wie Warmblutstute Nila.

am Strick baumelt, das zusätzlich Anlass zur Panik gibt. Ein gut gemeinter Rat: Vermeiden Sie den Einsatz von Panikhaken, wenn Ihr Pferd zum Zerren neigt. Sie sind praktisch, weil sie schnell zu öffnen sind, das ist aber auch schon alles. Sobald der Haken unter Spannung steht, ist er ohnehin gar nicht zu öffnen und wenn er zerspringt, spritzen die Bruchstücke wie Geschosse durch die Gegend und haben schon so manchem Reiter, der sein Pferd befreien wollte, zu neuen Zähnen verholfen.

Halfter und Befestigungen mit Sollbruchstellen bieten eine sinnvolle Alternative zum Panikhaken, da sie das Pferd freigeben, bevor es so richtig zerrt und Panik bekommt. Sparen Sie also nicht bei der Auswahl von Halfter und Strick und wählen Sie eine stabile Qualität. Wichtig ist auch, dass das Halfter Ihrem Pferd passt. Der Vorteil von elastischen Anbindern ist umstritten. Sie federn zwar das erste Ziehen des Pferdes ab, der Zug verschwindet aber nicht sofort, wenn das Pferd nachgibt. Als Hilfsmittel für die Schulung ist es also nicht zu empfehlen. Binden Sie Ihr Pferd so an, dass Sie es schnell losmachen können. Zwar ziehen sich die meisten Stricke und Schlaufen unter dem entsprechenden Zug auch fest, aber im Ernstfall können Sie Ihr Pferd vielleicht schon losmachen, bevor die Situation brenzlig wird. Auch wenn Ihr Pferd an das Anbinden gewöhnt ist, lassen Sie es besser nicht lange ohne Aufsicht stehen. Sie können nicht sicher sein, dass nichts Unvorhersehbares passiert. Wenn Sie noch einmal kurz wegmüssen und niemand ein Auge auf Ihr Pferd haben kann, stellen Sie es besser in die Box. Sicher ist sicher!

„Meine Pferde-Lektion"

Unterschätzen Sie nicht die Kraft, die ein Pferd entwickeln kann! Ich habe schon auf einem Trail gesehen, wie eine zierliche Haflingerstute den Corsa, an dessen Abschleppöse sie zum Satteln angebunden war, einen halben Meter herumgezogen hat, weil ein Vogel aufgeflogen war. Wohlgemerkt, hier handelte es sich nicht um eine Panikattacke, sondern lediglich um eine kleine Schrecksekunde.

WENN ES NICHT KLAPPT:

Hat Ihr Pferd gelernt, sich durch Zerren zu befreien, so hilft nur eine stabile Ausrüstung und Überwachung. Suchen Sie sich einen bequemen Stuhl, bringen Sie ein gutes Buch mit zum Stall und lassen Sie Ihr Pferd nicht aus den Augen. Durch Ihre Anwesenheit können Sie sofort eingreifen und eine Eskalation verhindern, damit das Pferd nicht mehr das Erfolgserlebnis hat, sich zu befreien. Wenn Sie Glück und genügend Durchhaltevermögen haben, besteht die reelle Chance, Ihr Pferd zu korrigieren. Solche Pferde müssen einfach das Interesse daran verlieren, sich zu befreien.

Wenn Ihr Pferd zum ersten Mal so richtig gezerrt hat, dann sollten Sie in der nächsten Zeit erhöhte Vorsicht beim Anbinden walten lassen. Ihr Pferd hat eine erschreckende Erfahrung gemacht und wird dadurch misstrauisch und schreckhaft. Sein angekratztes Vertrauen muss zurückgewonnen werden.

Ist ein Anbinde-Komplex entstanden, dann müssen Sie Ihr Pferd mit viel Geduld und Ruhe umschulen. Manche Pferde stehen angebunden so unter Spannung, dass der geringste Grund ausreicht, um das Zerren auszulösen. Zerlegen Sie die Anforderung in seine Einzelteile: Üben Sie mit Ihrem Pferd zunächst das Stillstehen und das „Kopf tief". Wenn Ihr Pferd panisch wird, sobald es den Druck vom Genickstück des Halfters spürt, dann beginnen Sie mit dem Weichen unter der Hand. Lässt es sich nicht hinter den Ohren anfassen, so liegt die Lösung in Geduld und Beharrlichkeit. Legen Sie die Hand nur so dicht ans Genick, wie Ihr Pferd es gerade noch erträgt. Nehmen Sie die Hand erst weg, wenn es sich entspannt. Dann streicheln Sie es am Hals und arbeiten sich langsam zu den Ohren vor. Hat Ihr Pferd durch „Kopf tief" gelernt, dem Druck der Hand zu weichen, dann üben Sie das Gleiche mit dem Halfter. Die Generalprobe für das Anbinden ist dann bestanden, wenn Ihr Pferd dem Druck im Genick durch das Halfter gelassen nachgeben kann. Stellen Sie hierfür zum Beispiel Ihren Fuß auf den Strick auf dem Boden. Lässt Ihr Pferd dies entspannt geschehen, ohne in Panik zu geraten, ist schon ein großer Schritt getan. Nun müssen Sie das Erlernte und die guten Erfahrungen noch an den „Ort des Schreckens", nämlich den Anbindeplatz, übertragen. Handeln Sie dabei vorsichtig und mit Geduld.

Pferde, die sehr druckempfindlich im Genick sind, können mit viel Geduld und Beharrlichkeit desensibilisiert werden.

Huf hoch

SINN UND ZWECK:

Warum es sinnvoll ist, dass Ihr Pferd Ihnen seine Hufe anstandslos gibt, liegt auf der Hand. Nicht nur Sie selbst bei der täglichen Hufpflege, sondern auch der Hufschmied muss gefahrlos mit Ihrem Pferd arbeiten können. Deshalb gehört das Geben der Hufe eigentlich bereits im Fohlenalter zur Grunderziehung. Auch freistehend, oder auf der Koppel, sollte es selbstverständlich sein.

SO WIRD'S GEMACHT:

Es muss Ihnen bewusst sein, dass ein Pferd das Stehen auf drei Beinen erst einmal lernen muss. Es muss im Gleichgewicht und auf sicherem Boden stehen. Ihr Pferd darf sich also ruhig auf das Anheben eines Beins vorbereiten, ohne dafür bestraft zu werden. Ziehen Sie ihm nicht einfach ein Bein mit Gewalt unterm Bauch weg, denn dann wird der Widerstand des Pferdes nur größer. Verfahren Sie beim Hufaufheben nach den klassischen Anweisungen, denn diese sind lange erprobt. Etablieren Sie also ein „Gib Huf"-Signal, indem Sie das Bein von oben nach unten abstreifen und leichten Druck auf die Sehnen am Röhrbein ausüben. Zudem drücken Sie Ihre Schulter gegen die Ihres Pferdes, um zu signalisieren, dass das Gewicht nun verlagert werden muss.

Viele Pferde heben oder bewegen dann schon den Huf. Loben Sie auch den kleinsten Ansatz der gewünschten Reaktion. Bleiben Sie dicht am Pferd und halten Sie Körperkontakt. Wenn es nach Ihnen treten sollte, kann es Sie schlechter treffen und

nicht so weit ausholen. Wenn Sie einen Huf aufnehmen wollen, ist es wichtig, dass Sie breitbeinig und damit sicher stehen. Bleiben Sie die ganze Zeit auf Körperfühlung, nur so spüren Sie, wie es um das Gleichgewicht Ihres Pferdes steht. Versucht es sein Gewicht auf Ihrer Hand abzulegen, dürfen Sie es gerne mit einem Klaps zur Räson rufen. Stützen Sie das Hinterbein, indem Sie das Sprunggelenk auf Ihrem Oberschenkel ablegen. Bevor Sie den Huf wieder absetzen, sagen Sie Ihrem Pferd mit einem „Stell ab" Bescheid und setzen ihn auf den Boden.

Ein eingespieltes Team: Haflingerwallach Ben gibt Anna willig seinen Huf, wenn sie das Signal dazu gibt.

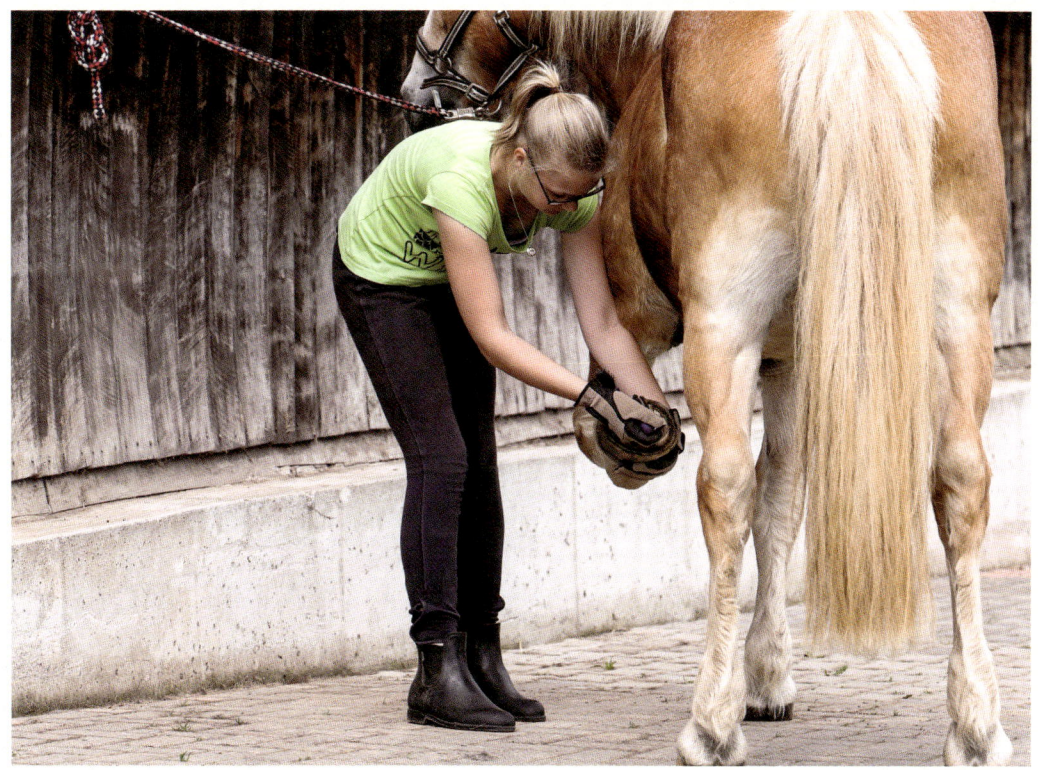

Belohnen Sie jedes Hufegeben wenigstens mit einem netten Dankeschön.

Sollte Ihr Pferd alters- oder verletzungsbedingt nicht gut auf drei Beinen stehen können, gibt es einen kleinen Trick: Versuchen Sie, den Huf auf die Spitze zu stellen und nicht auf die Sohle. Dann kann der Huf über die Spitze nach vorn „klappen". So kommen Sie gut an die Sohle und müssen sich nur etwas tiefer bücken.

WENN ES NICHT KLAPPT:

Kickt Ihr Pferd gerne gezielt nach Ihnen, so stellen Sie sich neben seine Schulter, halten den Kopf am kurzen Strick und streichen seinen Körper mit einer langen Gerte ab. Tritt es, bekommt es einen Klaps mit der Gerte und Sie streichen es ungerührt weiter ab, bis es ruhig steht und das Abstreichen geschehen lässt. Wenn es im täglichen Umgang einen „Rückfall" erleidet, führen Sie dieselbe Prozedur wieder durch. Sollte Ihr Pferd die Hufe zwar geben, aber dann zappelig werden, halten Sie den Huf an der Spitze fest. So hat Ihr Pferd weniger Kraft, um den Huf wegzuziehen. Sollte das nicht helfen, dann setzen Sie den Huf wieder ab und versuchen es erneut. Mit Geduld und Konsequenz werden Sie zum Ziel kommen. Für Fortgeschrittene gibt es eine Übung aus der Zirzensik, mittels derer das Hufe heben geübt werden kann. Dabei wird mit der Gerte gegen die Röhre getippt, von vorn gegen die vordere und von hinten gegen die hintere, bis das Pferd mit dem Heben des Beins reagiert. Belohnt wird dies mit leckerlies.

Lass mich aufsitzen

SINN UND ZWECK:

Sei es einfach nur der Bequemlichkeit halber oder weil Sie tatsächlich auf einem Ausritt einmal außerhalb der gewohnten Umgebung aufsteigen müssen: Ein Pferd, das beim Aufsteigen still steht, erleichtert die Zusammenarbeit erheblich.

SO WIRD'S GEMACHT:

Viele Pferde sind unsicher beim Aufsitzen des Reiters, da sie Angst haben ihr Gleichgewicht zu verlieren. In einem solchen Fall ist das Nutzen einer Aufsteighilfe wärmstens zu empfehlen. Die Ausrede, man hätte diese nicht immer zur Hand, zählt nicht! Hat ein Pferd erst einmal gelernt sich neben eine Aufsteighilfe zu stellen, kann es lernen sich auch neben jede andere potenzielle- also trittsichere und stabile- Stütze zu stellen. Das ist alles eine Frage des Trainings.

Sobald Ihr Pferd gelernt hat still zu stehen, kann es lernen, neben der Aufsteighilfe stehen zu bleiben. Ist dieser Schritt getan, so gewöhnen Sie es daran, dass Sie darauf stehen und sich bewegen. Hopsen Sie auf der Aufsteighilfe herum, stützen Sie sich auf dem Sattel ab, putzen Sie den Rücken des Pferdes, lehnen Sie sich an und darüber, schwingen Sie die Beine, und belohnen Sie es mit Leckerlis. Hat Ihr Pferd keine Angst, können Sie es, auf der Aufsteighilfe stehend, mithilfe der Gerte in die richtige Position dirigieren. Ist es eher unruhig, so hat es sich schon oft bewährt, es mit der Aufsteighilfe hartnäckig zu verfolgen.

Gerade bei einem ungeübten Pferd sollten Sie einen Helfer hinzuholen, der Ihnen beim Aufsteigen hilft.

Da immer die Gefahr besteht, dass Ihr Pferd in die Aufsteighilfe tritt, sollten Sie beim Aufsitzen und Losreiten ohne Helfer besondere Vorsicht walten lassen. Benutzen Sie sie nur, wenn Ihr Pferd auf den seitlich treibenden Schenkel reagiert oder sich vom Berühren der Aufsteighilfe nicht verunsichern lässt.

Bleiben Sie immer möglichst dicht am Pferd, damit Sie während des gesamten Vorgangs abgestützt und im Gleichgewicht sind; dadurch können Sie in jeder Phase abbrechen.

Arbeiten Sie immer Schritt für Schritt. Wenn die Gelassenheit verloren geht, müssen Sie den letzten Schritt noch einmal üben! Sie müssen nicht am ersten Übungstag im Sattel sitzen, bei schweren Fällen kann es einige Übungseinheiten dauern, bis es soweit ist.

Zum Aufsteigen positionieren Sie den Hocker neben dem Pferd auf Höhe des Hinterzwiesels. Stellen Sie sich parallel zum Pferd darauf, Fußspitzen Richtung Pferdekopf und die Hand an den leicht anstehenden Zügel. So wurde früher beim Militär auf die Remonten und heute im Reitzentrum Reken, wo ich meine Ausbildung absolviert habe, auf die Schulpferde aufgesessen.

Setzen Sie den Fuß in den Steigbügel, halten Sie dabei Körperkontakt und warten Sie ab, bis Ihr Pferd ruhig steht.

Als Nächstes geben Sie Gewicht auf den Bügel und stemmen sich schließlich hoch, ohne das Bein über den Rücken zu schwingen. Halten Sie den Körperkontakt und stützen Sie sich am Pferd ab, um nicht Ihr gesamtes Gewicht im Steigbügel zu haben.

Stellen Sie sich wieder auf den Hocker und nehmen den Fuß aus dem Bügel. Steht Ihr Pferd hierbei still, dürfen Sie das Bein beim nächsten Versuch über den Rücken schwingen, es ausgiebig loben und mit einem Leckerli belohnen. Wenn Ihr Pferd weiß, dass es nach dem Aufsteigen und vor dem Losreiten ein Leckerli bekommt, wird es stehen bleiben bis Sie Ihrer Belohnungsverpflichtung nachgekommen sind.

„Meine Pferde-Lektion"

Einmal übte ich das Aufsitzen mit einem Ex-Deckhengst, der wegen seiner Unarten vom Vorbesitzer spät gelegt und schließlich verkauft worden war. Früher startete er regelmäßig aus dem Stand durch und trotz intensiven Trainings musste er immer noch beim Aufsteigen festgehalten werden. Seine Besitzerin fragte mich um Rat. Er war zwar rüpelig, aber ehrlich und auch unsicher.

Daher ging ich auf ihn zu, wie auf einen alten Freund und redete auf ihn ein, während ich die Aufsteighilfe neben ihn stellte. Ich scherzte und lachte mit ihm, während ich auf dem Hocker herumhopste. Als er mich mit seinem Bauch vom Hocker schubste, knuffte ich ihn kurz, rückte den Hocker zurecht und machte weiter. Wich er aus, rückte ich mit dem Hocker nach, bis er endlich aufgab und stehen blieb. Nach einiger Zeit konnte ich sogar auf ihm herumturnen, ohne dass er festgehalten werden musste. Er fand es zwar etwas komisch, hielt aber tapfer still.

Obwohl dieser Hengst sehr robust wirkte und eigenwillig war, war er sensibel. Er war unsicher, weil er früher wegen seiner schlechten Manieren als Hengst hart angefasst wurde. Durch mein Herumalbern kam er gar nicht erst auf die Idee, ich könnte ihm etwas Böses wollen. Wenn er nicht still stand, wurde er nicht getadelt, sondern freundlich aber hartnäckig verfolgt. Dazu konnte ich ihm noch das Gefühl vermitteln, dass ich wusste, was ich da tat. Hätte ich ihn für sein Schubsen und Weglaufen ernsthaft zurechtgewiesen, so wäre er wieder unsicher geworden und hätte nicht mehr die Möglichkeit gehabt, sich für das Stillhalten zu entscheiden.

Um auf alle Eventualitäten vorbereitet zu sein, gehören seitliche Begrenzungen, Leckerlis, Gerte und ein Körperband zur Grundausrüstung beim Verladetraining.

WENN ES NICHT KLAPPT:

Macht Ihr Pferd Probleme beim Aufsitzen, muss immer zuerst der Grund dafür geklärt werden. Häufig sind es Schmerzen im Rücken oder seitlich am Widerrist, die Ihr Pferd unruhig werden lassen. Ziehen Sie einen Osteopathen oder Tierarzt zurate, der die Ursachen behandelt und abstellt, bevor Sie weiterarbeiten. Gibt es keine medizinischen Einwände, so holen Sie sich zum Aufsteigen einen Helfer dazu, der Ihnen gegenhält, damit der Sattel nicht in den Widerrist drückt. Gleichzeitig kann er das Pferd am Kopfstück festhalten oder mit der Hand vor der Brust den Weg nach vorne begrenzen und die Aufsteighilfe nach Gebrauch beiseitestellen.

Steig ein

SINN UND ZWECK:

Sollte Ihr Pferd einmal wegen einer Kolik oder Verletzung in eine Klinik gefahren werden müssen, gibt es nichts, was Sie weniger gebrauchen können als ein Pferd, das nicht in den Anhänger steigen will. Ersparen Sie sich und Ihrem Pferd eine solche Tortur, indem Sie das Verladen geduldig und ohne zeitlichen Druck üben.

SO WIRD'S GEMACHT:

Wenn Sie ein unvoreingenommenes und vertrauensvolles Pferd haben, das sich auch beim Führen gut benimmt, dann ist das Verladen in der Regel kein größeres Problem als jedes andere Bodenhindernis.

Bereiten Sie Ihr Pferd mit Führtraining und dem Überwinden von Hindernissen wie Brücken, Planen oder Ähnlichem auf das Verladen vor. Arbeiten Sie ruhig, hartnäckig und konsequent wie immer, zu einem Zeitpunkt, an dem Sie ungestört und ohne Zuschauer üben können. Lassen Sie sich Zeit! Ihr Pferd muss nicht schon am ersten Tag angebunden im Anhänger stehen.

Immer wenn Sie das Verladen üben, muss der Anhänger entweder an ein Zugfahrzeug angehängt sein oder stabil unterbaut werden. Öffnen Sie den vorderen Ausstieg, sodass der Anhänger optisch offener und einladender wirkt. Führen Sie Ihr Pferd gerade auf den

Eireen hat keine Angst vor Anhängern und folgt mir widerstandslos. Ist Ihr Pferd bereits ein „Verlade-Profi", dann sind seitliche Begrenzungen nicht mehr unbedingt nötig.

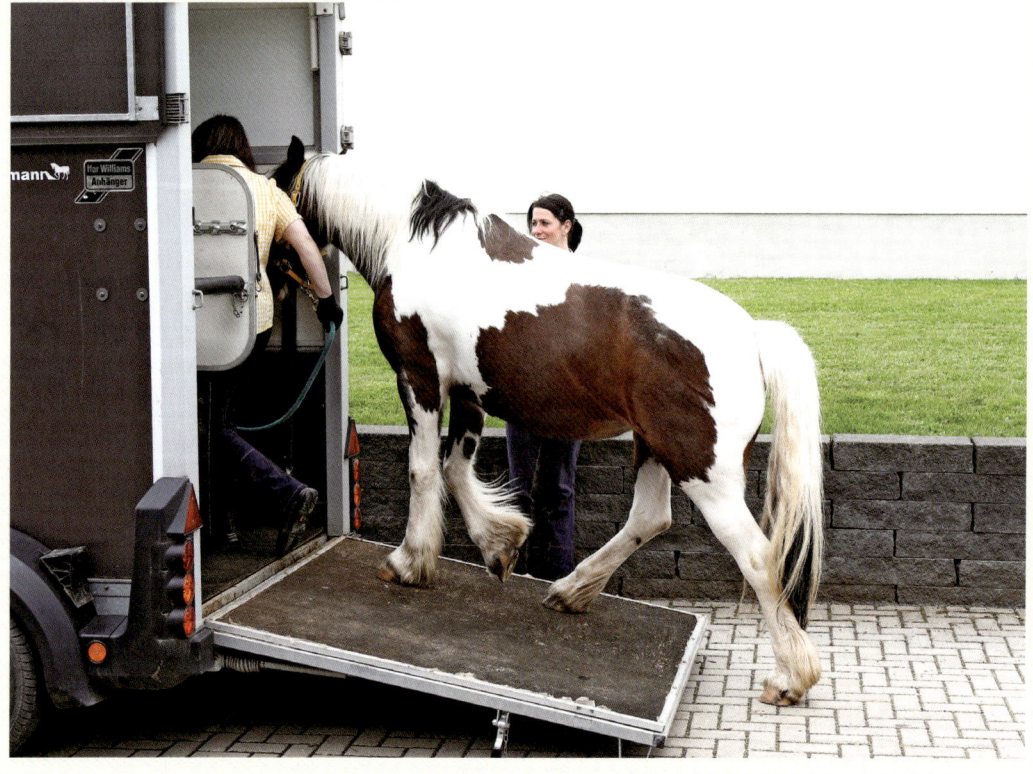

„Meine Pferde-Lektion"

Kunden wollten mit zwei Pferden in den Reiterurlaub fahren, hatten aber das Problem, dass ihre Stute schon beim Anblick einer offenen Anhängerklappe in die Luft ging. Ich empfahl ihnen, den Anhänger schon vor unserem ersten Termin entsprechend unterbaut, offen und ohne Trennwand auf die Koppel zu stellen und die Stute auf der Laderampe zu füttern.

Als ich dann zum ersten Mal dort ankam, fraß die Stute schon ihr Kraftfutter von der Anhängerklappe. Beim Heranführen an die Klappe stieg sie aber immer noch derart, dass sie sich fast überschlug. Also war als Erstes Führtraining mit und ohne Bodenhindernisse angesagt. Dazu legte ich ihr das Körperband an und merkte, wie ihre Konzentrationsfähigkeit und innere Ruhe stetig zunahm. Sie lernte, über Planen, rumpelnde Holzplanken und durch Reifen zu gehen, sie verlor ihre Angst beim Durchschreiten

von Engpässen, die wir aus Fängen und darüber hängenden Planen bauten. Schließlich konnte sie geschickt über mehrere Bodenstangen hintereinander rückwärtstreten.

Also nahmen wir wieder den Anhänger auf der Koppel in Angriff. Die Rampe war mit Fängen eingefasst, damit sie nicht seitlich heruntertreten konnte. Zwar stieg sie nicht mehr, aber an ein Herantreten war nicht zu denken. Zum Glück war es ein Modell mit Planenverdeck, also ließ ich die Plane abbauen. Da der Anhänger nun als solcher nicht mehr zu erkennen war und sie das Rumpeln, die Enge und das Heranarbeiten an die seltsamsten Hindernisse nun gewohnt war, ging sie nach einiger Zeit in dieses neue „Hindernis" hinein und kassierte ihr Lob nebst vielen Leckerlis. Einige Zeit später legten wir die Plane mit hochgeklappten Seiten wieder auf und schließlich stieg sie sogar in den normalen Anhänger ein.

Anhänger zu. Bleibt es stehen, geben Sie ihm Zeit und fordern es dann freundlich, aber bestimmt zum Vortreten auf. Belohnen Sie jedes weitere „Vortasten" mit einem Leckerli. Weicht es zurück, lassen Sie das ruhig geschehen und führen das Pferd erneut heran.

Nachdem Ihr Pferd in den Anhänger eingestiegen ist, wird zuerst die hintere Querstange eingehängt, dann vorne angebunden und zum Schluss in aller Ruhe die Klappe geschlossen. Vor dem Aussteigen wird erst vorne die Anbindung gelöst, die Hand auf den Schweif gelegt und dann die hintere Stange entfernt. Beim Aussteigen gleitet die Hand an der Seite des Pferdes entlang, um zu verhindern, dass es seitlich von der Klappe tritt. Stellen Sie sich beim Ein- und Aushängen der hinteren Stange nie direkt hinter ein Pferd, auch nicht, wenn Sie es kennen. Fahren Sie Ihr Pferd immer mit großer Vorsicht und Umsicht, zu Anfang nur kurze Strecken und zu schönen Orten, zum Beispiel auf die Koppel.

WENN ES NICHT KLAPPT:

Nutzen Sie seitliche Begrenzungen wie eine Mauer oder Fänge. Räumen Sie bei Bedarf den Weg frei, indem Sie die Trennwand zur Seite stellen oder ganz ausbauen.

Ängstliche Pferde sind mit etwas Geschick und Ideenreichtum relativ einfach zu korrigieren, wenn man ihnen genügend Zeit und Möglichkeit gibt, ihre Angst zu verlieren. Eigenwillige, kämpferische Pferde, die keine Furcht, aber überhaupt keine Lust zum Einsteigen haben, forderten mich bis heute am meisten. Ist man zu sanft, steigen sie nicht ein, verfährt man aber zu hart mit ihnen, bekommen sie doch noch Angst. Hier hilft nur, sie systematisch und konsequent zu erziehen, sodass gutes Benehmen und Folgsamkeit ihnen zur Gewohnheit werden. Dann werden sie sich mit der Zeit auch leichter verladen lassen.

Sicher im Gelände

SINN UND ZWECK:

Wer sein Pferd an der Hand im Gelände beherrscht, kann bei Bedarf auch bei einem Ausritt darauf zurückgreifen, wenn es einmal brenzlig wird und Ihr Pferd sich ohne Ihre Hilfe am Boden nicht traut weiterzugehen. Zudem können Sie Anfänger auf einem als Handpferd ausgebildeten Pferd beruhigt mit ins Gelände nehmen.

SO WIRD'S GEMACHT:

Die Arbeit im Gelände unterscheidet sich nicht von der Arbeit in der Halle oder auf dem Platz, es fehlt nur die äußere Begrenzung. Arbeiten Sie genauso konzentriert und konsequent. Vertraute Übungen können Ihnen helfen, die Konzentration und Mitarbeit Ihres Pferdes wiederzuerlangen, falls es sich von der ungewohnten Umgebung ablenken lässt.

Wenn Ihr Pferd ungern das Hofgelände verlässt, deponieren Sie unterwegs einige angenehme Futterüberraschungen oder nehmen Sie einen Kumpel mit. Durch die Bodenarbeit sollte sich Ihre Beziehung zueinander jedoch so verbessern, dass Sie bald auf eine Begleitung verzichten können.

An Angstsituationen können Sie folgendermaßen herangehen: Als Beispiel dient hier die Gewöhnung an einen Traktor. Zuerst spicken Sie das geparkte Fahrzeug mit Leckerlis, führen Ihr Pferd heran und lassen es diese absammeln. Im nächsten Schritt verfahren Sie genauso, nur dass der Motor des Traktors läuft, also der Geräuschpegel als neue Herausforderung hinzukommt. Nun folgen Sie dem langsam vorwegfahrenden Gefährt. Die meisten Pferde entwickeln dabei einen regelrechten Ehrgeiz bei der Verfolgung des „flüchtenden" Fahrzeugs. Versuchen Sie aufzuholen und neben dem Traktor herzulaufen, wobei Sie natürlich zwischen dem Fahrzeug und Ihrem Pferd gehen. Wenn dies sicher klappt, kann der Traktor Ihnen im nächsten Schritt entgegenkommen, wobei Sie wieder zwischen Fahrzeug und Pferd gehen. Nimmt Ihr Pferd dies alles gelassen hin, können Sie sich von dem Traktor erst mit größerem, dann mit geringerem Abstand verfolgen und schließlich überholen lassen. Dieses Prinzip lässt sich auf alle Schreckgespenster wie Schirme, Klappersäcke und Ähnliches übertragen.

Wenn Sie mit Handpferd ins Gelände möchten, sollten beide Tiere geländesicher sein. Sie sollten Ihr Reitpferd einhändig reiten können und Ihr Führpferd beim Führtraining keinerlei Schwierigkeiten mehr machen. Am unproblematischsten ist es, wenn sich beide Tiere gut verstehen oder Sie zumindest soweit respektieren, dass Sie Unstimmigkeiten mit einem Wort unterbinden können.

WENN ES NICHT KLAPPT:

Überzeugen Sie sich selbst, dass Sie die Erziehungsarbeit im Gelände genauso gut leisten können wie in der Halle oder auf dem Außenreitplatz. Sollte es doch nicht funktionieren, dann kehren Sie in die Halle zurück und arbeiten Sie mit höherem Anspruch und Schwierigkeitsgrad weiter. Bis das Führpferd gelernt ha, sich auf gleicher Höhe zu halten wie das Reitpferd, lege ich ihm über dem Halfter mit Führstrick eine

Trense oder Führkette an. Dem Reitpferd lege ich einen Halsriemen um, ziehe den Führstrick hindurch und behalte das lose Strickende in der Hand. Ist das Führpferd nun gehfreudiger als das Reitpferd, reguliere ich sein Tempo über das Gebiss oder die Kette. Ist es aber langsamer oder bleibt gar stehen, läuft der gestraffte Führstrick vom Halsriemen in meine Hand und mein Reitpferd hilft mir, das widerstrebende Tier weiterzuziehen, ohne dass mir dabei die Schulter ausgekugelt wird oder ich gar vom Pferd gezogen werde.

Mit so einem eingespielten Team macht der gemeinsame Ausritt doppelt Spaß. Nutzen Sie mit einem unerfahrenen Handpferd zur Sicherheit unbedingt einen Halsriemen.

Drücken Sie sich verständlich aus

Bodenarbeit ist Beziehungsarbeit, und eine gute Beziehung zueinander bildet die Grundlage für ein entspanntes und harmonisches Miteinander, auch dann, wenn die Aufgabenstellung anspruchsvoller werden sollte.

Das Erarbeiten einer gegenseitigen Höflichkeit bildet das notwendige Fundament für die weitere Zusammenarbeit, besonders in der Bodenarbeit. Schreiten Sie Schritt für Schritt bei der Ausbildung Ihres Pferdes voran, so wird sich der Erfolg leichter als erwartet einstellen, bis hin zu den höheren Lektionen. Ist das Fundament jedoch nicht solide erarbeitet worden, so bricht das darauf aufgebaute Ausbildungsgebäude irgendwann zusammen oder nimmt zumindest Schaden. Ebenso lässt sich die Beweglichkeit und Geschicklichkeit eines Pferdes schon mit einfachen Bodenarbeitsübungen entscheidend verbessern. Also besteht auch für einen noch wenig fortgeschrittenen Reiter die Möglichkeit, sein Pferd ausreichend zu gymnastizieren, um es gesund zu erhalten. Erfolgreiches Arbeiten mit Pferden beruht auf Verständigung. Die Bodenarbeit bietet hierbei eine sehr gute Möglichkeit, sich dem Pferd verständlich zu machen. Daher bereite ich auch alle gerittenen Aufgaben erst einmal mit Bodenarbeit vor.

In der Maiausgabe der Zeitschrift *Mein Pferd* habe ich eine Äußerung gelesen, die ich Ihnen nicht vorenthalten und ans Herz legen möchte. Formuliert hat sie der ehemalige professionelle Stuntreiter Bernard

Eireen im Viereck vergrößern. Lektionen vom Boden aus zu erarbeiten, bietet die Möglichkeit ein Auge für die Bewegungsabläufe zu entwickeln. Das erleichtert auch die Arbeit unter dem Sattel.

Sachsé, der durch einen Arbeitsunfall vor 20 Jahren querschnittsgelähmt wurde: „Zunächst einmal liebe ich Pferde und möchte sie verstehen. Andersherum möchte ich mich mit ihnen verständigen, indem ich so wenige Fehler wie möglich mache. Deswegen muss ich ihr Verhalten beobachten, ihre Biomechanik analysieren, weil sie einen direkten Einfluss auf das Timing der Hilfen hat. Einige alte Meister haben es bereits in Worte gefasst: Beobachten und nachdenken. Wenig fragen, sich mit wenig zufrieden geben, oft neu beginnen, viel belohnen, ohne zu vergessen, sich den Respekt des Pferdes zu sichern. Darüber hinaus muss man die Dosis kennen, mit der man einen Reiz beim Pferd stimuliert, damit man ein Pferd vor sich hat, das sich für sein Gegenüber interessiert. Das setzt einen gewissen Kenntnisstand beim Reiter voraus. Und der Reiter muss seinen eigenen Körper und seine eigenen Empfindungen kennenlernen."

Dieser Mann musste lernen, Pferde mit den geringsten körperlichen Mitteln zu reiten und auszubilden. Für ihn gibt es nur noch eine Reitweise: diejenige, welche dem Pferd zuhört. Heute reitet er Dressur auf höchstem Niveau.

Ein solches Beispiel zeigt, dass wir es nicht nötig haben, unser Pferd zu bezwingen, wenn wir erfolgreich sein wollen. Es ist möglich, den Willen der Pferde, nur durch Einfühlungsvermögen und das Wissen über ihr Wesen, mit unserem Willen in Einklang zu bringen. Wir haben es nur nötig, uns verständlich, also in der Pferdesprache auszudrücken. Bleiben wir also immer demütig bei der Erziehung dieser herrlichen, uns anvertrauten Geschöpfe.

„Meine Pferde-Lektion"

Hierzu noch ein kleines Beispiel: Ich kam einmal dazu, als eine Freundin mit ihrem Pferd die Wendung auf der Hinterhand übte und dabei schier verzweifelte. Das Tier war schwer und in der Schulter unheimlich breit. Dressurmäßig waren beide schon gut vorangekommen, aber die flüssige Ausführung eben dieser Wendung stellte immer noch ein Problem dar.

Sie bat mich um Hilfe. Ich fasste mit einer Hand ins Kopfstück, zog das Pferd leicht vorwärts und klopfte mit der anderen Hand richtungsweisend gegen seine Schulter und zeigte ihm damit, wie es seine Vorderbeine vorwärts-seitwärts setzen musste, um die Drehung auf der Hinterhand ausführen zu können. Im nächsten Schritt sollte sie begleitend die reiterlichen Hilfen geben und dabei darauf achten im Vorwärts zu bleiben. Ich klopfte nur noch unterstützend seitlich gegen die Schulter. Nach zehn Minuten musste ich schon nicht mehr eingreifen.

Nach einigen Tagen strahlte meine Freundin auf mein Nachfragen hin und sagte, das Problem sei seither nicht mehr aufgetreten.

Ich wünsche Ihnen viel Freude und Erfolg auf dem Weg zu einer harmonischen Partnerschaft mit Ihrem Pferd.

DANKE

Ich hoffe, ich konnte Ihnen einige für Sie nützliche Informationen und Anregungen mit auf Ihren gemeinsamen Weg geben, und wünsche Ihnen zusammen mit Ihrem Pferd viel Vergnügen und Erfolg beim Ausprobieren.

Ich für meinen Teil hatte große Freude an der Zusammenstellung des Buches, bin glücklich, dazu die Gelegenheit bekommen zu haben, und dankbar für die große Hilfe, die mir durch meine Lektorinnen Sarah Koller und Claudia Weingand zuteilwurde. Auch möchte ich mich bei den Mitwirkenden des Fotoshootings vor und hinter den Kulissen bedanken! Bei den Helfern im Hintergrund, allen voran unseren nichtreitenden Männern, dem Fotografenteam Ulrich Neddens und Sabine Kämper und ganz besonders bei den zwei- und vierbeinigen Models: Daniela mit Nila, Anna mit Ben, Carina mit Dolli und meiner Eireen. Wir alle haben einen schönen, aber auch anstrengenden und langen Tag ohne nachzulassen durchgehalten! Ich bin so stolz darauf, dass wir diese Aufgabe mit unserem kleinen Freizeitreiterstall so gut bewältigt haben und dabei so viele schöne Bilder machen konnten.

An dieser Stelle auch ein Dankeschön an die vielen Autoren, die mir mit ihren Büchern wertvolle Tipps und Anregungen geliefert haben. Ich habe versucht, möglichst umfassend auf meine Ideengeber hinzuweisen, und bedaure, wenn dies nicht vollständig geschehen ist. Natürlich sagen mir die Methoden des einen besser zu als die eines anderen, das geht jedem so. Dies ist aber eine persönliche Vorliebe, die in meinem Charakter, meinen Fähigkeiten und den von mir gemachten Erfahrungen begründet ist. Es sollte hier keinesfalls eine Bewertung stattfinden.

Daher zum Abschluss mit dem biblischen Zitat Peter Pfisters, dessen Shows, durchdachte Ausbildungsstruktur und Zielstrebigkeit mich tief beeindrucken: „Prüfe alles, das Beste aber behalte."

Tamara Ebert

LITERATURVERZEICHNIS

Auf meinen vier Beinen, in:
Mein Pferd
Mai 2014, S. 76/77.

Becher, Rolf:
Springenlernen für jedermann.
Ein Grundkurs für den Freizeitreiter
fs-Verlag, 1994.

Bolze, Daniela:
Und sie sprechen doch. Wie Pferde
täglich mit uns kommunizieren
Cadmos Verlag, 2012.

Karl, Philippe:
Irrwege der modernen Dressur. Die Suche
nach der „klassischen" Alternative
Cadmos Verlag, 2009.

Nissen, Jasper:
Die Enzyklopädie der Pferderassen
Bd. 1, Franckh Kosmos Verlag, 2003.

Penquitt, Claus:
Die Freizeitreiter-Akademie. Reiten
nach barocken, altkalifornischen und
iberischen Vorbildern
Franckh Kosmos Verlag, 2013.

Pfister, Peter:
Natürliche Partnerschaft mit Pferden.
Das Geheimnis erfolgreicher Pferdeaus-
bildung/Faszination Freiheitsdressur/
Zirzensische Lektionen
Müller Rüschlikon, 2014.

Tellington-Jones, Linda:
Die Tellington-Methode.
So erzieht man sein Pferd
Müller Rüschlikon, 2002.

Tellington-Jones, Linda:
TTouch und TTeam für Pferde.
Der sanfte Weg zu Gesundheit,
Leistung und Wohlbefinden
Franckh Kosmos Verlag, 2002.

Tellington-Jones, Linda:
Die Linda Tellington-Jones Reitschule.
Mehr Spaß und Erfolg mit TTeam und
TTouch
Franckh Kosmos Verlag, 1996.

Wendt, Marlitt:
Vertrauen statt Dominanz.
Wege zu einer neuen Pferdeethik
Cadmos Verlag, 2010.

Wiemers, Eva:
Zirzensische Lektionen.
Eine sinnvolle Pferdegymnastik
Band 1, Olms, 2013.

STICHWORTREGISTER

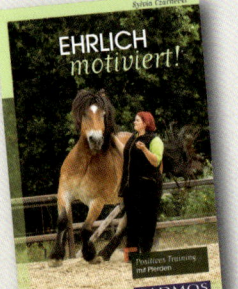